합격전략을 위한
미용사(일반) 실기시험문제 가이드북

C.C.C. 헤어미용

국제헤어디자인연구회

청구문화사

머리말

C.C.C. 헤어미용은 헤어디자이너를 꿈꾸는 미용학과 학생들과 처음 미용을 접한 초보 미용인이 반복적인 훈련을 통해 미용사 국가자격시험을 쉽게 대비하고, 익힐 수 있도록 수검자들에게 필요한 수검안내와 채점기준을 제시하고, 기본자세부터 헤어미용실기시험에 관련된 과정을 상세하게 풀이하여 이 교재만으로도 짧은 시간 내에 응시에 충분한 실력을 습득할 수 있도록 구성하였습니다.

헤어미용교재가 현장실무에 필요한 기초 작업으로

1장 한국산업인력공단에서 요구하는 수검안내

2장 헤어스타일의 기초 작업인 커트 5종류

3장 퍼머넨트와인딩 5종류

4장 세트롤 2종류

5장 휭거웨이브 4종류

6장 신부화장으로 나누었으며, 자격시험에서의 요구사항을 지루하지 않으면서 보기 쉽게 구성하였습니다.

그간 여러분이 베풀어 주신 분에 넘치는 각별한 사랑과 성원에 감사드리며 앞으로도 최선의 노력을 기울여 관련 분야의 교재를 시리즈로 엮어 나갈 예정입니다.
부디 이 한 권의 책이 기술 경쟁력을 갖춘 헤어커트 자격증을 빨리 취득하는데 조금이나마 도움이 되었으면 하는 기대를 가져보며 끊임없는 노력과 항상 열정적인 미용인, 최선을 다하는 미용인이 될 것을 약속드립니다.

본 교재의 완성을 위해 여러 번의 원고 수정을 통하여 현장감있는 내용과 최고의 테크닉을 구사하기 위해 노력하였으나 정리를 끝내고 보니 아직도 미흡한 부분이 많음을 느낍니다.

이런 미흡한 부분에 대해서는 앞으로도 계속 다듬고 수정하여 지속적으로 보완할 것을 약속드리면서 여러분의 따뜻한 애정과 관심을 부탁드립니다.

끝으로 이 책의 완성을 위해 수고하신 모든 분들과 어려운 여건 속에서도 물심양면으로 지원을 아끼지 않으신 청구문화사 이 상태 사장님과 사진 촬영을 위해 도움을 주신 문기종 선생님께 진심으로 감사를 드립니다.

2012년 여름

저자대표 김영미 識

Content

1

수검안내

1. 수검자 지참 공구목록

일번 번호	지참공구명	규　칙	단위	수량	비　고
1	커트위그	MID. 9' 이상 80,000모 이상 식재	set	1	모질이 양질일 것
2	민두형	MID		1	
3	위생복	소매가 긴 백색. 단, 하절기는 반소매	벌	1	
4	삼각 머리수건	백색	장	1	
5	마스크	의료용	개	1	
6	가위	cut용, 미용가위	set	1	
7	분무기	미 용 용	개	1	
8	어깨보	cut 및 화장용	장	1	
9	타올	백색으로 화장에 활용가능한 것	"	임의	4개의 시술과정에 지장이 없는 수량
10	굵은빗	미용 시술용	set	1	
11	커트빗	"	"	1	
12	브러쉬	"	개	1	
13	퍼어머넨트로드	6~10호	"	80	
14	고무밴드	와인딩 용	"	75	2중대형 밴딩용 노란색
15	퍼어머넨트페이퍼	"	장	75	
16	실내화	백색	컬리	1	굽이없는 실내용
17	꼬리빗	퍼어머넨트용	set	1	
18	세트로오숀	100cc	병	1	
19	핀컬핀 및 탈지면	핀컬용	봉지	2	
20	크린싱	기초 화장용	cc	50	
21	콜드크림	"	g	50	

22	티슈 또는 탈지면	화장용	봉지	2	
23	핀(로울러 고정용)	대형	"	44	
24	Roller	대(직경3cm), 중(직경2.5cm), 소(직경 2.2cm) 표면이 매끈하고 구멍이 나있는 것	개	44	대12개, 중20개, 소12개
25	화장수	기초화장용, 100cc병	병	1	
26	로오숀		cc	50	
27	크림	화장용	"	20	
28	화운데이숀	2가지 이상 색상	"	각10	
29	파우다	화장용 50g/통	통	1	
30	아이섀도우	3가지 이상 색상	set	1	
31	아이라인, 마스카라	신부화장용	"	1	
32	가눈썹, 눈썹풀, 눈썹연필	"	"	각1	
33	볼연지	"	"	1	
34	립스틱, 루즈솔	2가지 이상 색상	개	1	

2. 수검자 유의사항

아래 사항을 준수하여 실기시험에 임하여 주시고, 만약 이러한 여러 가지 사항을 지켜주지 않을 경우, 시험장의 입실 및 수검에 제한을 받는 불이익이 발생할 수 있으며, 시험위원의 지적이 있을 경우, 다소 불편함이 있더라도 제거 또는 교환에 적극 협조하여 주시기 바랍니다.

가. 위생복은 일반복지로 제작한 소매가 긴 백색위생복(단 하절기에는 반소매위생복)만 착용 할 수 있으며 부분적으로 특이한 디자인(호주머니 끝부분 색상처리 또는 고급복지로 제작한 강사용)또는 표시가 되는 부착물(불필요한 단추등)과 소속기관, 성명 등이 나타나는 복장, 기구 등을 지참하면 시험장에 입장할 수 없다.

나. 위생복속에 입는 속옷은 위생복밖으로 나오지 않아야 한다.

다. 시험당일 얼굴에 표시가 되는 색조화장과 인위적으로 얼굴에 점등 특징적인 표시를 할 수 없으며 메니큐어는 시험당일 모두 제거하고 시험에 응시하여야 한다.

라. 시험장내에서 모든 악세사리(귀걸이, 목걸이, 반지, 머리핀등)의 착용을 금지하고 고가품은 시험장내에 지참하지 않도록 한다.

마. 화장품등 모든 미용도구는 시중에서 누구나 쉽게 구입할 수 있는 것을 지참(수검자가 평소 사용하던 화장품도 무방하고, 외국제품과 현란한 색상의 물건은 지참할 수 없다.

바. 남자수검자와 눈썹문신을 한 수검자는 반드시 신부화장용 모델 1명을 대동하여야 한다. (만일 모델을 대동하지 않을 시에는 "신부화장"과제를 응시할 수 없음)

사. 지참물중 타올, 퍼머넨트롯드, 고무밴드, 퍼어머넨트 페이퍼, 핀컬핀 및 탈지면의 수량에 대하여는 파손, 분실 등을 감안하여 여유분을 지참할 수 있다.

아. 본지참물은 검정진행에 필수적인 것이므로 임의로 누락 변경할 수 없으며, 본인이 필요하다고 판단하여 화장품 등을 더 지참할 수도 있다.

자. 가발을 사전에 고의적으로 브로킹위치를 표시하여 지참한 경우에는 실기 검정에 응시할 수 없다.

차. 모든 미용도구에는 은박지 색종이 등으로 감거나 포장하는 등의 표시를 하여 사용할 수 없다.

3. 검정시행시 유의사항

가. 검정시행전

1) 집행 1일전에 기술회의를 개최하고 검정집행에 관한 제반사항을 점검하여 미비한 사항을 충분히 보완할 것
2) 수검자지참공구 검열시 가발(위그)에 브로킹위치를 사전에 표시한 것은 검정에 사용할 수 없으며 다른 가발로 교체한 후 입실, 응시토록 한다.

나. 검정시행중

1) 시험당일 검정 1시간전에 채점기준을 개봉하여 채점에 관한 제반 사항을 충분히 숙지하고 이행할 것. 특히 채점상 유의사항을 정독할 것이며 개인의 편견으로 전국적 채점기준적용의 평준, 통일성에 차질을 초래하지 말 것.
   (채점위원이 임의로 채점기준을 변형시키는 일이 절대 없도록 할 것)
2) 과제별 진행순서는 다음과 같다.
   - 횡거웨이브, 또는 횡거웨이브 및 핀컬의 작업과제가 부여시는 현행 검정순서와 같다. (헤어커트→퍼머넨트 와인딩→횡거웨이브 및 핀컬(또는 횡거웨이브)→신부화장)
   - 롤컬, 또는 롤컬 및 핀컬의 작업과제가 부여시는 헤어커트→롤컬(또는 롤컬 및 핀컬)→퍼머넨트 와인딩→신부화장 순서로 진행한다.
3) 헤어커트(레이어커트 제외) 작업종료후 제3과제가 횡거웨이브 및 핀컬의 과제가 부과될 시에는 다음 과제와의 무리없는 연결을 위하여 제1과제 종료후 재커트를 15분동안 실시한다.
4) 헤어커트 작업종료후 제2과제가 롤컬, 도는 롤컬 및 핀컬의 작업이 부과될 시 제2과제 작업을 위한 재커트는 일체 허용하지 않으며, 단 동과제 종료후 제3과제의 퍼머넨트 와인딩전에 무리없는 작품의 연결을 위하여 재커트를 15분동안 실시한다.
5) 신부화장시 남자수검자 파트너를 만난 여자수검자는 남자수검자를 시술하는 것이 아니고 남자수검자가 대동한 여자모델을 시술한다.
   (다만, 이 경우에 대동한 모델을 먼저 시술한다)
6) 각 과정별 시험시간은 충분히 판단된 시간이며 연장시간은 없음(과정별 준비 시간을 줄 것).
7) 롤컬 작업과제시 와인딩 페이퍼는 일체 사용할 수 없다.
   * 실기검정 진행요령에 따라 진행하고 수검자에게 오해를 야기시킬 수 있는 언행을 하지 않도록 유의할 것.

다. 검정시행 후

수검자가 지참한 모든 재료는 수검자에게 환급할 것

4. 채점시 유의사항

1) 다음의 경우 득점과 관계없이 채점대상에서 제외한다.
   가. 커트위그를 미리 시술하여 온 경우
   나. 한 과정이라도 불참한 경우
   다. 검정중 검정장을 무단 이탈하는 경우
   라. 타인의 수검에 고의로 방해한 경우
2) 제한시간내 그항목(과제)의 시술을 완성하지 못한 경우 뜨는 오작인 경우에는 중간채점에서 득점한 점수와 관계없이 그 항목의 해당점수를 0점으로 처리한다. 다만, 각항목(과제)별 요구사항중 수검자가 과제별 주어진 작업순서대로 하지 않고 순서를 바꾸어서 시술했을 때 (즉, 준비요령 및 시행요령에 적합하지 않은 경우)에도 채점대상이 되어 0점으로 처리하지 않는다.
3) 다음과 같은 경우가 있을 때에는 각각 해당작업과정중 독점에서 별도로 5점씩 감점한다.
   가. 퍼머넨트 와인딩에서 가르마 없는 형(A형 : 기존 사용해온 것)에서는 사용한 로드가 55개 미달하는 경우 나머지 유형에 있어서는 사용한 로드가 53개 미달되는 경우 퍼머넨트와인딩 과제에서 5점 감점
   나. 퍼머넨트 와인딩의 지정된 과제의 유형에 있어 가르마를 틀리게 하였을 경우 퍼머넨트 와인딩 과제에서 5점 감점
   다. 횡거웨이브에서 가르마방향이 틀린 경우 횡거웨이브, 또는 횡거웨이브 및 핀컬 과제에서 5점 감점
   라. 핀컬에서 컬의 개수가 상단 7개, 하단 5개에 미달인 경우
4) 채점표의 기재는 반드시 볼펜으로 기재하고 정정시는 기록한 시험위원이 날인이 있어야 한다.
5) 퍼머넨트 와인딩에서 브로킹이 방법이 문제에 따라 합당한 방법인지를 살핀 후 채점에 반영한다.
6) 시험위원은 퍼머넨트 와인딩시 각 수검자별로 사용된 로드수가 가르마 없는 형(A형) 경우에는 55개 미만의 경우 나머지 유형에 있어서는 53개 미만인 경우에만 채점표에 사용된 로드 개수를 기록하여 채점하여야 한다.

2

헤어커트

1. 헤어커트 도구 및 사용 방법

1) 가위

미용 가위는 역학적으로 지레의 원리가 응용되며 두날이 고차되면서 두발을 자른다. 날의 길이에 따라 가위의 크기 명칭이 달라진다.

미용 가위의 크기는 5 inch, 5.5 inch, 6 inch, 7 inch가 있으며, 사용목적에 따라 커트 가위, 틴닝 가위, 스트록 가위가 있다.

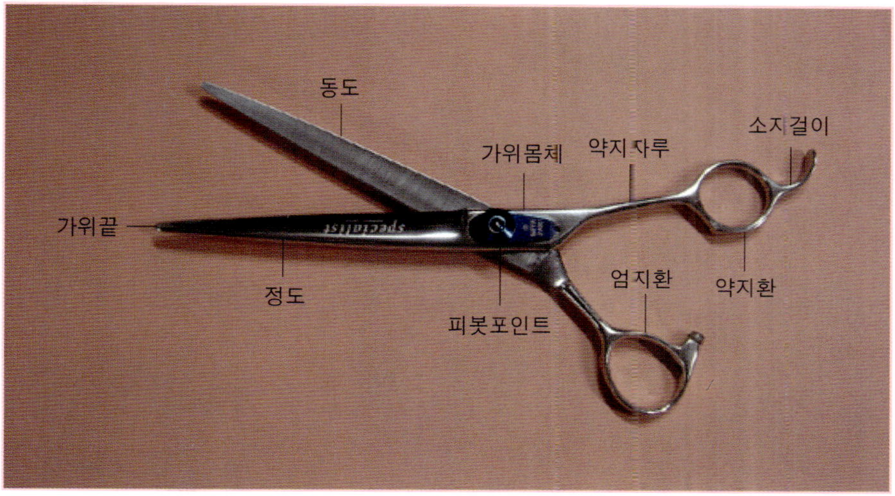

(1) 가위의 명칭

① 엄지환 : 엄지손을 끼우는 곳. 유동날을 움직인다.
② 약지환 : 약지손을 끼우는 곳. 고정날을 다룬다.
③ 가위몸체 : 손잡이와 날을 연결하는 부위
④ 피봇 포인트(Pivot point) : 가위 잠금나사이다.
⑤ 동도(유동날) : 움직임 날이라고도 한다.
⑥ 정도(고정날) : 움직이지 않는 날이라고도 한다.
⑦ 가위끝 : 실제로 커팅이 이뤄지는 부위이며, 가위끝의 1~2 cm 위치에서 모발이 커팅 된다.

(2) 가위 잡는 자세

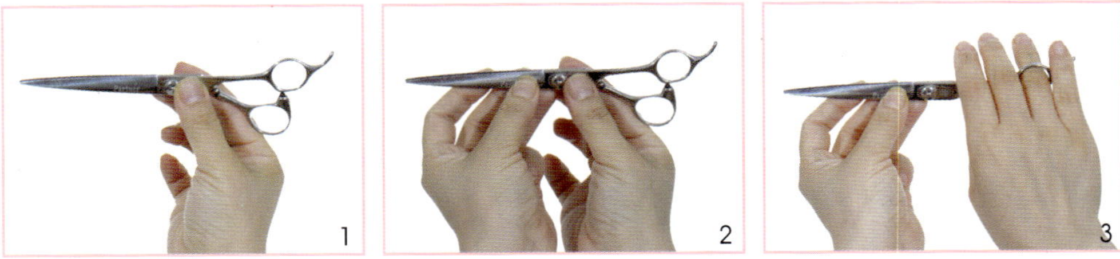

① 잠금나사 부분이 보이도록 잡는다.
② 왼손으로 가위를 잡는다.
③ 오른손 약지의 두 번째 관절에 약지환을 끼운다.

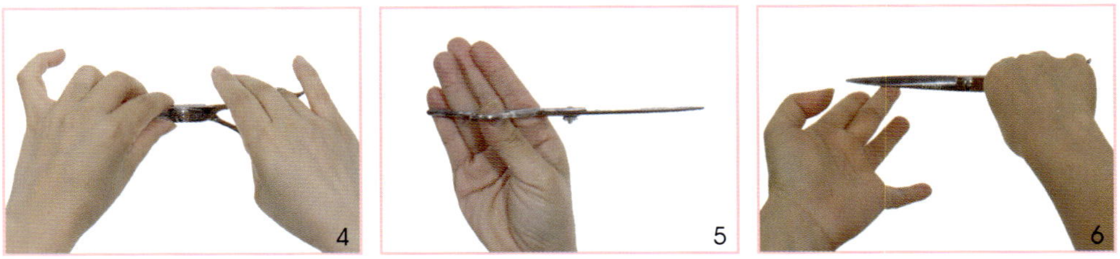

④ 오른손 엄지를 엄지환에 끼운다.
⑤ 가위가 일직선이 되도록 오른쪽 손목을 바깥쪽으로 약간 틀어준다.
⑥ 가위몸체를 누르는 손가락 4개는 펴준다.

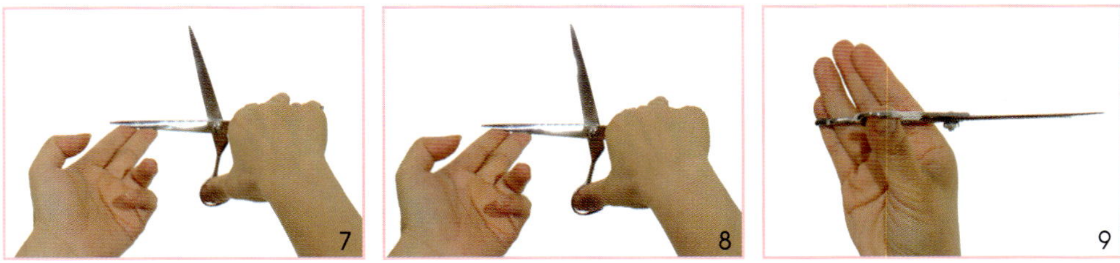

⑦ 고정날은 평행상태를 유지한다.
⑧ 엄지손만 개폐를 한다.
⑨ 엄지손톱의 1/3을 넘지 않아야 가위 개폐가 쉽다.

2) 빗과 자세

커트 빗은 얼레살과 고운살이 같이 있으며, 커트 할 때는 얼레살과 고운살을 번갈아 가면서 사용한다.

얼레살은 모발을 나누어 잡을 때나 웨이브진 모발을 빗을 때 사용되며, 고운살은 고운 빗질이 필요할 때 사용된다.

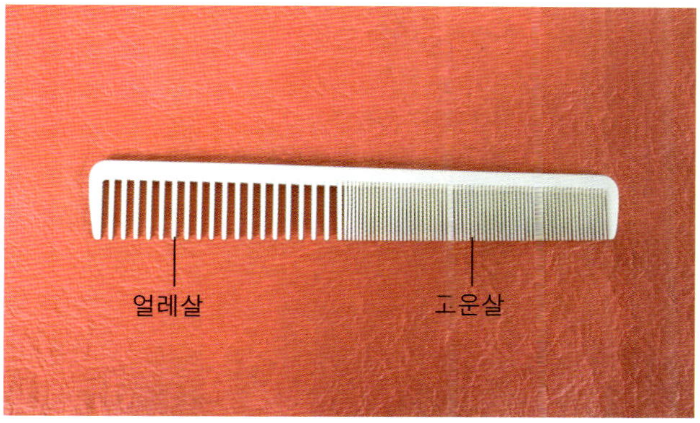

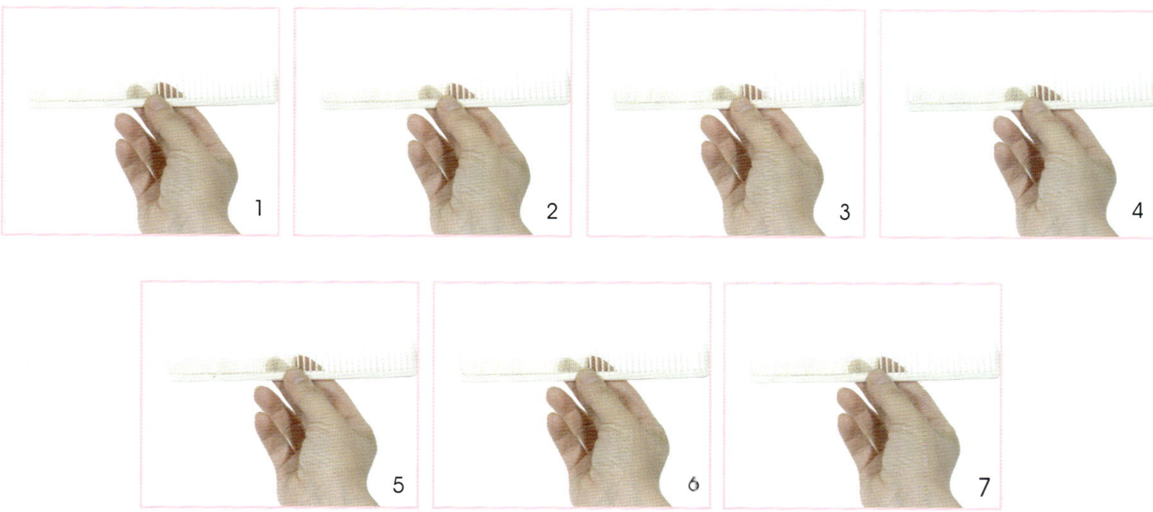

빗의 중심부를 잡고 엄지, 검지, 중지를 이용하여 필요한 목적에 따라 방향을 돌려가면서 사용

3) 두상나누기

커트는 형태에 변화를 줄 수 있는 길이, 시술각도, 슬라이스 라인, 베이스의 변화를 이용하여 원하는 헤어스타일의 토대를 만든다. 이것을 사용하여 예쁜 커트 스타일을 디자인 하려면 먼저 두상에 지점을 정확히 알아야 한다.

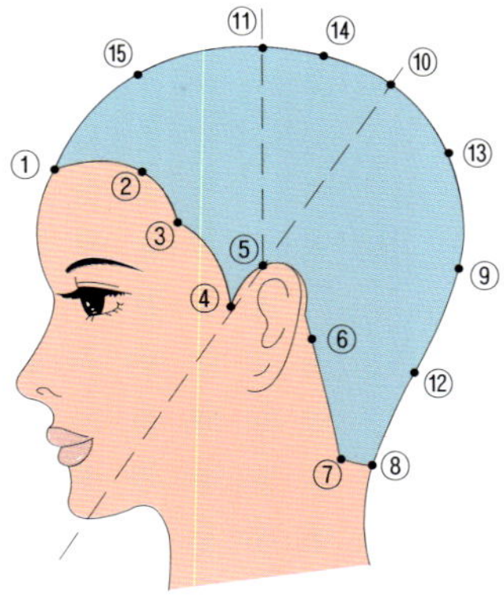

번 호	명 칭	지점 설명
1	C・P(센터 포인트 ; Center Point)	이마중앙의 끝과 두피 시작선이 만나는 가장 중앙의 지점
2	F・S・P(프론트 사이드 포인트 ; Front Side Point)	눈썹 2/3지점에서 수직으로 올라가 만나는 두피끝선(Hemline) 지점
3	S・P(사이드 포인트 ; Side Point)	관자놀이 위의 두피끝선(Hemline)이 튀어나온 지점
4	S・C・P(사이드 코너 포인트 ; Side Corner Point),	귀밑머리가 나기 시작하는 지점
5	E・P(이어 포인트 ; Ear Point)	귀의 가장 높은 부분의 두피끝선(Hemline)과 만나는 지점
6	E・B・P(이어 백 포인트 ; Ear Back Point)	귀중간의 뒷부분 두피끝선(Hemline)과 만나는 지점
7	N・S・P(네이프 사이드 포인트 ; Nape Side Point)	목뒤선(Nape Line)의 양쪽 끝 지점
8	N・P(네이프 포인트 ; Nape Point)	목뒤선(Nape Line)의 중앙지점
9	B・P(백 포인트 ; Back Point)	E・P를 수평으로 연결하여 정중선과 만나는 지점
10	G・P(골덴 포인트 ; Golden Point)	T・P와 B・P의 중간 지점. 옆모습에서 T・P와 E・P, B・P를 직각으로 연결하고 E・P에서 사선 45°로 선을 연결하여 정중선과 만나는 지점
11	T・P(탑 포인트 ; Top Point)	두상에서 가장 높은 곳이며 E・P에서 수직으로 선을 이어 정중선과 만나는 지점
12	B・N・M・P(백 네이프 미디엄 포인트 ; Back Nape Medium Point)	B・P와 N・P의 중간지점
13	G・B・M・P(골덴 백 미디엄 포인트 ; Golden Back Medium Point)	G・P와 B・P의 중간지점
14	T・G・M・P(탑 골덴 미디엄 포인트 ; Top Golden Medium Point)	T・P와 G・P의 중간지점
15	C・T・M・P(센터 탑 미디엄 포인트 ; Center Top Medium Point)	C・P와 T・P의 중간지점

2. 미용사 실기과제 배점표(헤어커트)

헤어커트 채점기준 및 배점

평가기준	요구사항	배점	비고 (점수를 적게 주거나 많이 줄 때 이유)
(1) 기본자세 및 브록킹	• 복장과 정리정돈 • 시험 과제물 준비사항 • 브로킹순서, 두상나누기 배분(4~5등분) • 물축이기를 골고루 알맞게 시술	5점	
(2) 헤어커트 시술순서	• 헤어커트 작업순서를 정확히 할 것. • 사용하는 빗과 가위는 커트용의 적절한 것을 사용한다. • 슬라이스 양을 적절히 배분한다.	5점	
(3) 숙련도	• 가위질, 빗질, 손놀림, 슬라이스 기법의 숙련도 • 적당한 스트랜드 구분 및 빗질	5점	
(4) 작품결과 및 조화미	• 주어진 과제의 정확성 • 전체적인 흐름과 헤어커트의 마무리시 전체적인 조화미	10점	

(1) 기본자세 및 블로킹

＊ 배점적용 (5점)

· 물축이기를 하지 않을 때: 0점
· 브로킹을 하지 않을 때: 0점
· 물축이기 및 브로킹이 알맞지 않을 때: 1점
· 물축이기는 알맞으나 브로킹이 미숙할 때: 2점
· 물축이기가 고르고 브로킹이 정확하나 작업자세가 다소 불안정한 수준일 때: 3점
· 물축이기 및 브로킹이 고르고 정확하며 작업자세가 양호할 때: 4점
· 물축이기, 브로킹, 자세 등이 모두 우수하고 처리 숙련도가 능숙할 때: 5점

(2) 헤어커트 시술순서

＊ 배점적용(5점)

· 순서를 전혀 무시한 경우: 0점
· 순서를 일부 바꾸어 시술할 때: 1점
· 바른 순서로 진행하다 역순으로 다시 손질하는 경우: 2점
· 커트의 작업순서를 지키면서 바르게 시술하나 텐션과 슬라이스 및 판넬양의 처리기능이 미숙한 수준일 때: 3점
· 다른 모든 사항은 바르게 하나 텐션과 슬라이스 및 판넬양 처리 기능중 어느 하나가 미숙한 수준일 때: 4점
· 모두를 정확하고 바르게 시술할 때: 5점

(3) 숙련도

＊ 배점적용(5점)

· 가위 및 빗쥐는 방법이 서툴렀을 때: 1점
· 가위 및 빗쥐는 방법은 옳으나 가위질 및 빗질이 서투를 때: 2점
· 가위질과 빗질을 무난히 부드럽게 행할 때: 3점
· 가위질, 빗질, 스트랜드의 테이퍼링 및 블런팅이 무리없이 시술되며 조화를 이룰 때: 4점
· 위 사항이 모두 능숙하며 두부부위별 두발의 연결이 종적 횡적 조화를 이룰 때: 5점

(4) 작품결과 및 조화미

＊ 배점적용(10점)

· 각 포인트에서의 각도 및 외곽선의 흐름이 불안정할 때: 2점
· 외곽선의 흐름, 각 포인트에서의 각도 중 어느 하나가 불안정하며 전체 조화가 눈에 띄게 불안할 때: 4점
· 외곽선의 흐름, 각포인트에서의 각도 및 머리전체의 조화가 이루어져 작품의 특성을 나타내는 정도의 수준이 될 때: 6점
· 외곽선의 흐름, 각 포인트에서의 각도, 머리전체의 조호가 잘 이루어졌으나 어느 부분의 일부 두발연결이 불안한 감을 주는 수준일 때: 8점
· 외곽선의 흐름, 각 포인트에서의 각도, 머리전체의 조화가 매우 우수하다고 생각될 때: 10점

헤어커트시험 요구사항

	헤어커트	형 태	요구사항 내용	비 고
1	원랭스커트	스파니엘	머리길이는 세미롱으로하되 네이프라인에서 8~9 cm로 하고, 앞, 뒤의 수평단차는 3~4 cm로 한다.	– 다음 작품시술에 지장이 없도록 한다. – 블로킹 4등분
2	원랭스커트	이사도라	머리길이는 세미롱으로하되 네이프라인에서 8~9 cm로 하고, 앞, 뒤의 수평단차는 3~4 cm로 한다.	– 다음 작품시술에 지장이 없도록 한다. – 블로킹 4등분
3	그라데이션 커트	–	로우그라데이션으로 하고, 네이프라인에서 5~6 cm로 한다.	– 다음 작품시술에 지장이 없도록 한다. – 블로킹 5등분
4	레이어커트	–	머리 길이는 세미롱으로 하되, 네이프라인에서 8~9 cm로 한다.	– 다음 작품시술에 지장이 없도록 한다. – 블로킹 5등분

헤어커트시험 요구사항의 풀이 방법

종 류	블로킹	수검자가 숙지해야할 사항
평행보브(Parallel bob cut) 기본연습(평행)	4등분	슬라이스(가르) 시술각 : 자연시술각 0°
스파니엘(Spaniel cut) (앞내림)	4등분	슬라이스(전대각)(단차 3~4 cm) 시술각 : 자연시술각 0°
이사도라(Isadora cut) (앞올림)	4등분	슬라이스(후대각)(단차 3~4 cm) 시술각 : 자연시술각 0°
그라데이션(Gradation cut, 45°)	5등분	시술각 : 자연시술각
레이어(Layer)	5등분	시술각 : 일반시술각

1. 평행보브 – 평행라인

(1) 요구사항

자격종목	미용사	작품명	퍼머넨트 와인딩	시험시간	35분

① 길이 : 네이프 포인트에서 8~9 cm 내외로 다음과제에 무리가 없도록 한다.
② 슬라이스 라인 : 평행선(Parallel line)으로 시술한다.
③ 시술각도 : 자연 시술각도 0°로 시술한다.
④ 블로킹 : 4블로킹

(2) 배점

기본자세 및 블로킹	시술순서	숙련도	작품결과 및 조화미	계
5점	5점	5점	10점	25점 (합격점 15점 이상)

(3) 블로킹 시술순서

① 모발에 물을 충분히 도포한 후 브러쉬로 곱게 빗질한다.
② C.P에서 시작하여 좌우를 나눈 후 곱게 빗질하여 핀셋으로 모발을 정리한다.
③ T.P에서 E.P에서 살짝 뒤로 하여 블로킹을 나눈 후 곱게 빗질하여 핀셋으로 모발을 정리한다.

* 헤어커트를 쉽게 시술하기 위하여 블로킹을 정확히 탄다.

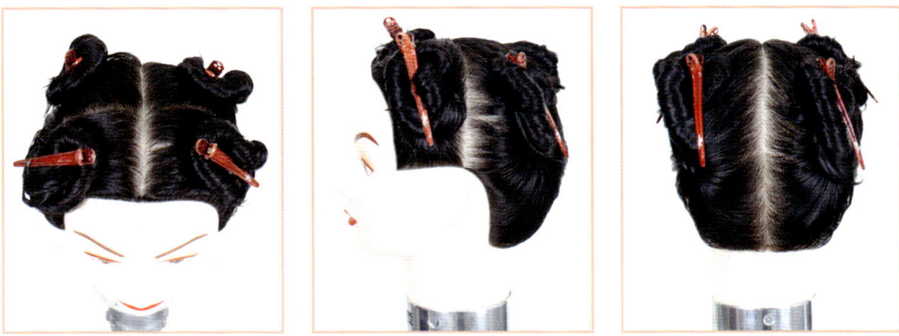

4) 평행보브 완성작품

N.P에서 10 cm를 가이드로 설정하여 가로슬라이스를 떠서,
일직선으로 평행라인을 만들고 시술각은 0°로 시술하여 완성된 작품.

5) 시술 방법

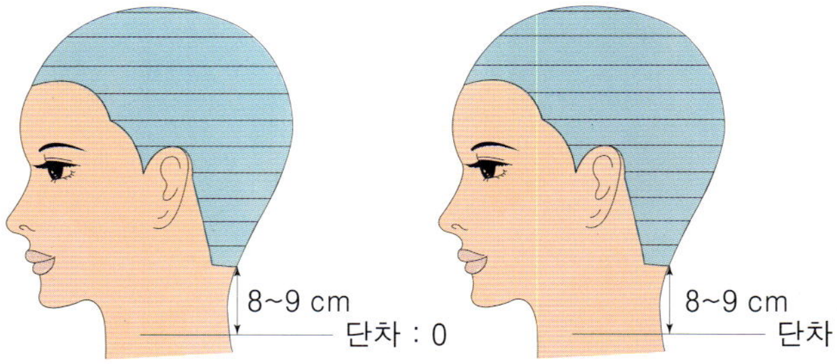

자연시술각 0° 로 일직선으로 시술한다.

1. 제1선기준선을 시술하기 위해 1~1.5 cm의 수평섹션을 뜬다.

2. 파팅을 나눌 때는 빗으로 나눈다.

3. N.P에서 8~9 cm를 가이드로 하여 자연시술각 0°에서 가운데 손가락이 보이지 않게 판넬을 잡는다.

4. 가운데 모발에 맞추어 자연시술각 0°가 되도록 시술하고 손가락은 직각이 되게 한다.

5. 반대편도 동일한 방법으로 시술한다.

6. 제2선 두 번째 섹션을 뜬다.

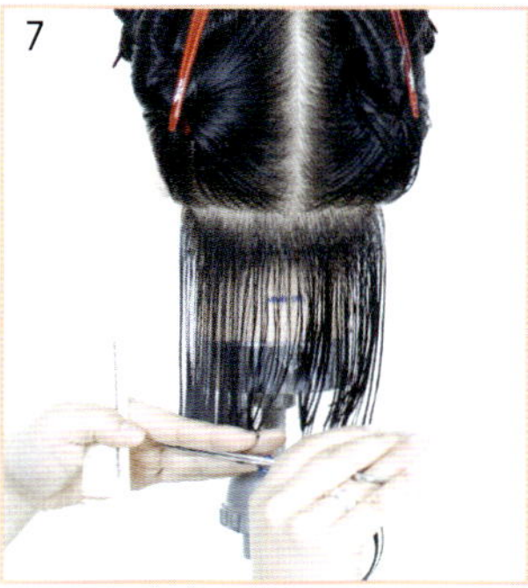

7. 첫번째 가이드라인에 맞추어 커트하고 왼쪽도 손가락이 일직선이 되도록 시술한다.

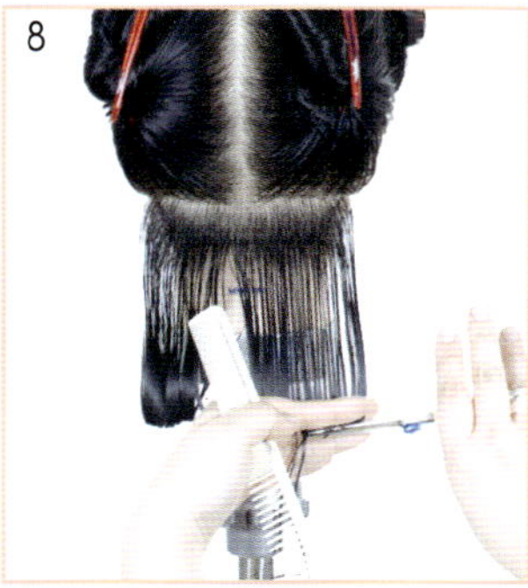

8. C.L의 가이드에 맞추어 오른쪽도 동일한 방법으로 시술한다.

9. 수평섹션으로 1~1.5 cm 정도의 판넬을 뜬다.

10. 반대쪽도 동일한 방법으로 시술한다.

11. 1.5cm 정도 판넬을 떠서 수평섹션으로 하여 0° 로 빗어내려 설정된 가이드라인에 맞추어 커트한다.

12. 다음 판넬을 뜬다.

13. 3선을 시술하기 위해 1.5 cm을 뜨고 왼쪽과 동일한 양으로 오른쪽도 모발을 나눈다.

14. 수평 보브는 모든 일직선으로 하는 자연시술각 0도로 모발을 빗어내려 동일 선상에서 시술한다.

15. 중심 판넬의 기이드에 맞추어서 오른쪽도 동일선상에서 시술한다.

16. 4선도 위와 동일한 방법으로 판넬을 뜬다.

17. 자연시술각 0°로 시술한다. 이때가운데 손가락이 보이지 않도록 시술해야 한다.

18. C.L에 맞추어서 오른쪽도 일직선으로 시술한다.

19. 시술을 해 놓은 상태이다.

20. 다음 시술부터는 곡면을 따라 파팅을 나눈다.

21. 오른쪽도 동일한 방법으로 시술한다.

22. 손가락이 일직선이된 상태로 자연시술각 0°로 시술한다.

23. 오른쪽도 동일한 상태로 시술한다.

24. 곡면의 이곳은 모발이 떨어진 형타대로 방사형으로 빗질하여 시술한다.

25~26. 이어투이어라인(ear to ear line)에서 1.5 cm 모발을 뜨고 뒷부분에서 가이드를 찾아 텐션을 주지 않고 자연스럽게 빗질된 상태에서 커트한다.

27~28. 다음 시술을 위한 슬라이스를 나눈다.

29. 수평섹션을 하여 텐션을 주지 않고 빗질한다.

30. 가이드에 맞추어서 자연시술각 0°로 시술한다 .이때 손가락이 일직선이다.

31. 시술해 놓은 상태이다.

32~33.이곳은 약간 굴려 주면서 0° 로 빗어 내려 시술한다(face line을 따라 굴린다).

34. 좌측표면은 빗을 손이 따라 가면서 자연시술각 0° 로 시술한다.

35. 손가락은 일직선인 상태에서 시술한다.

36. 사이드 표면은 곱게 빗질하여 빗과 손이 내려와 정리하면서 완성한다.

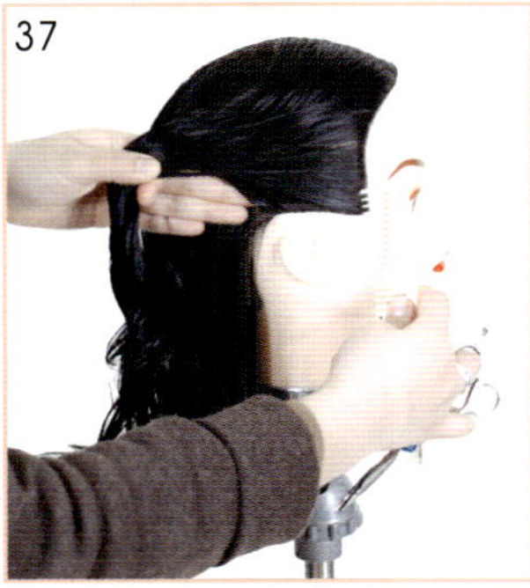

37~38. 반대편 사이드의 판넬을 뜬다. 사이드 시술 시 주의사항 : 귀가 튀어 나오고 모류도 맨밑에서는 역행하므로 이곳에 빗질은 고운살보다 얼레살이 좋고 텐션없이 빗질하여 커트해야 한다.

39. 수평섹션으로 0°로 빗어내려 E.B.P에서 뒤쪽 1 cm에서 가이드를 찾아서 일직선으로 커트한다.

40. 2선을 수평 섹션하여 0°로 내려 1선과 동일 선상에서 커트한다.

41. 손가락을 일직선으로 하여 가운데 손가락이 보이지 않게 시술한다.

42~43. 페이스 라인(face line)의 곡선을 주위하면서 0°로 빗질하여 커트한다.

44. 곡면을 따라 빗질하며 손가락이 따라 가면서 모발의 판넬을 잡고 일직선으로 시술한다.

2. 스파니엘 – 앞내림(전대각 슬라이스)

(1) 요구사항

자격증목	미용사	작품명	헤어커트	시험시간	35분

① 길이: 네이프 포인트에서 8~9 cm 내외로 다음과제에 무리가 없도록 한다.
② 슬라이스 라인: 앞내림(전대각)으로 시술한다.
③ 시술각도 : 자연시술각 0°로 시술한다.
④ 블로킹 : 4등분으로 시술한다.

(2) 배점

기본자세 및 블로킹	시술순서	숙련도	작품결과 및 조화미	계
5점	5점	5점	10점	25점 (합격점 15점 이상)

(3) 블로킹 시술순서

① 모발에 물을 충분히 도포한 후 브러쉬로 곱게 빗질한다.
② C.P에서 시작하여 좌우를 나눈 후 곱게 빗질하여 핀셋으로 모발을 정리한다.
③ T.P에서 E.P에서 살짝 뒤로하여 블로킹을 나눈 후 곱게 빗질하여 핀셋으로 모발을 정리한다.

＊ 헤어커트를 쉽게 시술하기 위하여 블로킹을 정확히 탄다.

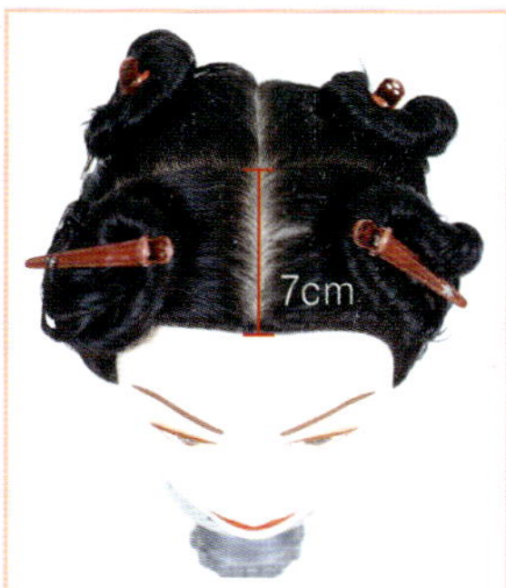

4) 스파니엘 완성작품

네이프라인 8~9 cm에서 시작하여, 앞내림(전대각 슬라이스)으로 시술하여 앞뒤의 단차가 3~4 cm로 시술해 놓은 완성된 작품.

5) 시술방법

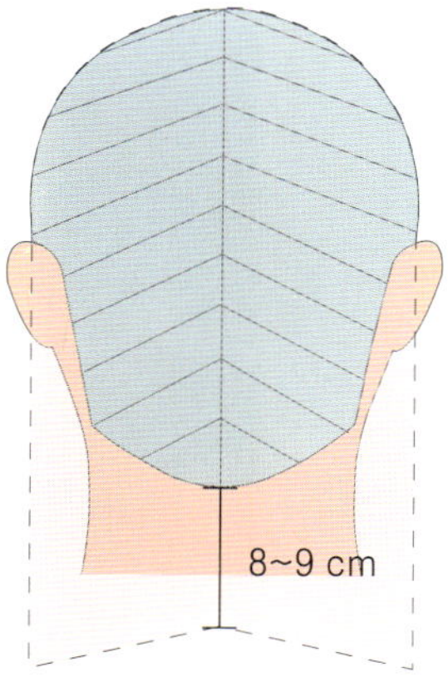

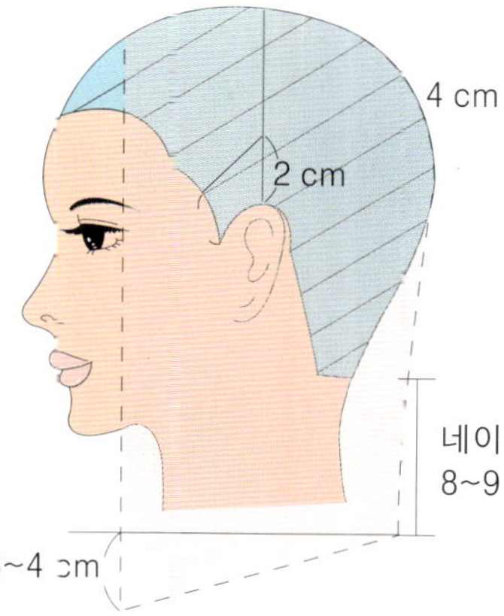

0° 커트로서 뒷길디 보다 앞 길이가 긴 style이며 단위는 3~4 cm(앞내림형)이다.

1. 시술을 위한 블로킹을 타놓은 상태

2. 첫번째 섹션은 1.5 cm로 잡아 A라인 섹션을 나누기 위하여 슬라이스를 탄다.

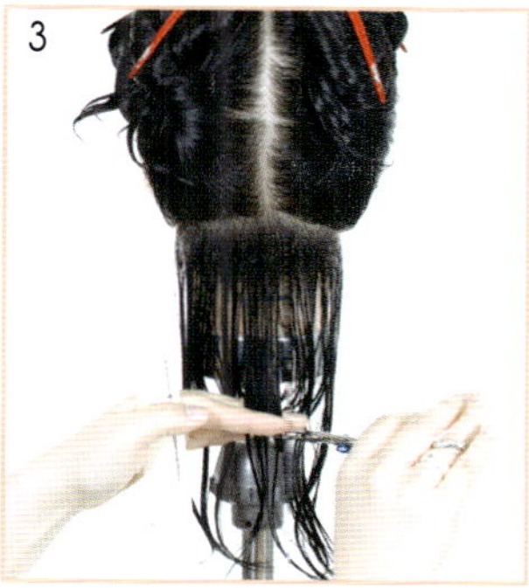

3. N.P에서 8~9 cm 길이를 가이드를 잡아 준다.

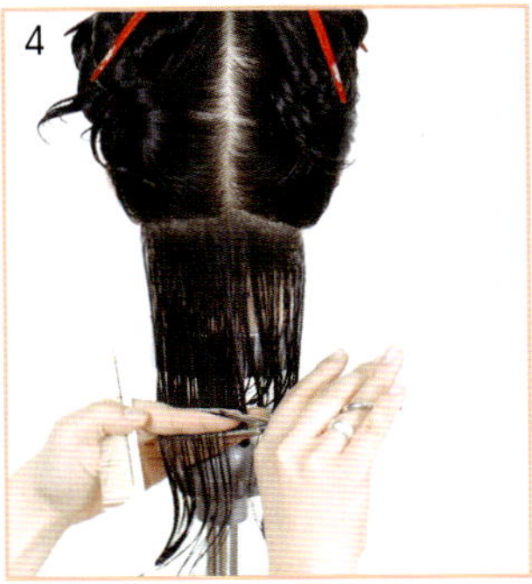

4. 왼쪽 앞내림으로 커트한다.

5. 오른쪽도 동일한 방법으로 시술한다.

6. 시술해 놓은 A라인 형태이다.

7. 밑 가이드에 맞추어 윗 모발의 가이드를 설정한다.

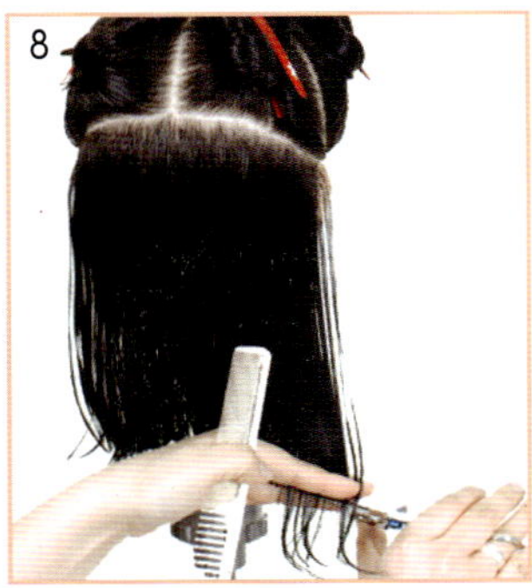

8 .오른쪽 앞 내림으로 커트한다.

9. 왼쪽도 앞 내림으로 커트한다.

10. 모류가 흐르는 방향대로 빗어내려 시술한다.

11. 모류가 흐르는 방향대로 빗어내려 가이드에 맞추어서 커트한다.

12. 좌측 사이드는 전대각 섹션으로 0°로 빗어 내려 앞내림 사선으로 커트한다.

13. 전대각 슬라이스와 빗의 기울기를 동일하게 한다.

14. 손가락과 슬라이스를 동일하게 하여 밑 길이 가이드에 맞추어서 시술한다.

15. 다음 시술을 위한 모발을 나눈다.

16

17

18

16. 단차가 3~4 cm로 앞 내림 커트가 되도록 하면서 밑 길이에 맞추어서 시술한다.

17. 반대쪽에도 왼쪽과 동일하게 시술한다.

18. 시술해 놓은 상태이다.

19

20

21

19~24. 밑 길이에 맞추어서 반대쪽과 동일한 방법으로 시술한다.

22

23

24
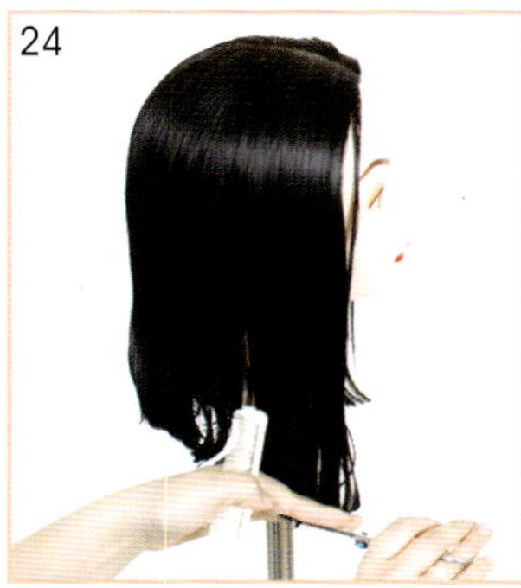

3. 이사도라 – 앞올림(후대각 슬라이드)

(1) 요구사항

자격종목	미용사	작품명	헤어커트	시험시간	35분

① 길이: 네이프에서 8~9 cm 내외로 다음과제에 무리가 없도록 한다.
② 슬라이스 라인: 앞올림(후대각)으로 시술한다.
③ 시술각도 : 자연시술각 0° 로 시술한다.
④ 블로킹 : 4등분으로 시술한다.

(2) 배점

기본자세 및 블로킹	시술순서	숙련도	작품결과 및 조화미	계
5점	5점	5점	10점	25점 (합격점 15점 이상)

(3) 블로킹 시술순서

① 모발에 물을 충분히 도포한 후 브러쉬로 곱게 빗질한다.
② C.P에서 시작하여 좌우를 나눈 후 곱게 빗질하여 핀셋으로 모발을 정리한다.
③ T.P에서 E.P에서 살짝 뒤로하여 블로킹을 나눈 후 곱게 빗질하여 핀셋으로 모발을 정리한다.

＊ 헤어커트를 쉽게 시술하기 위하여 블로킹을 정확히 탄다.

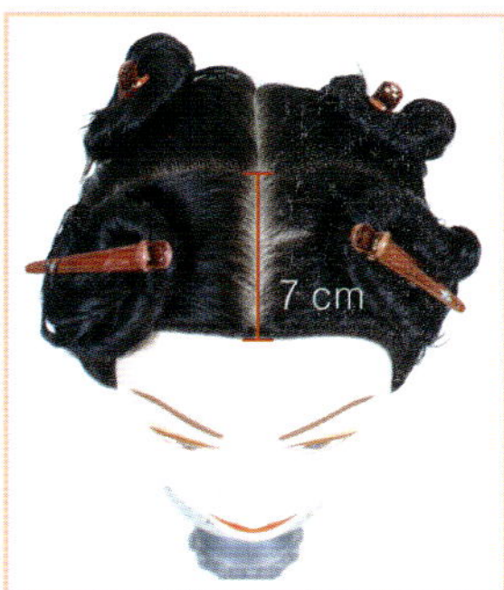

4) 이사도라 완성작품

네이프 라인 8~9 cm에서 시작하여 앞올림(후대각 슬라이스)으로 시술하여 앞뒤의 단차가 3~4 cm로 시술해 놓은 완성된 작품.

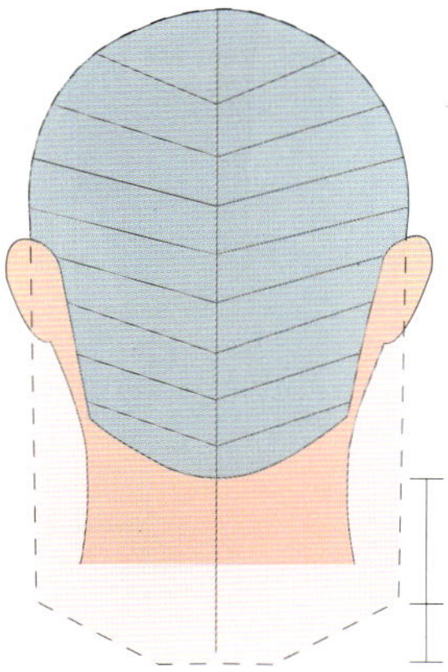

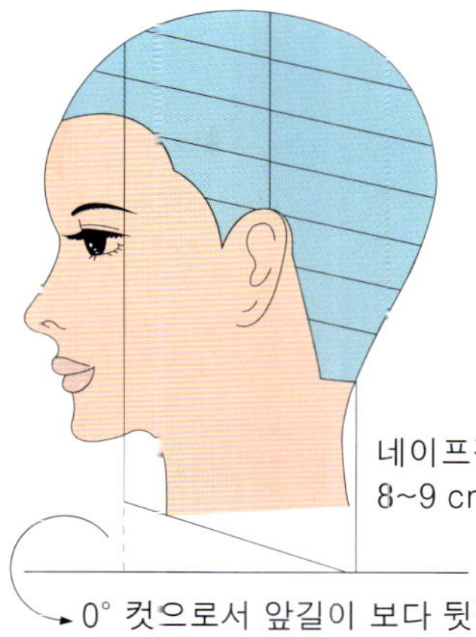

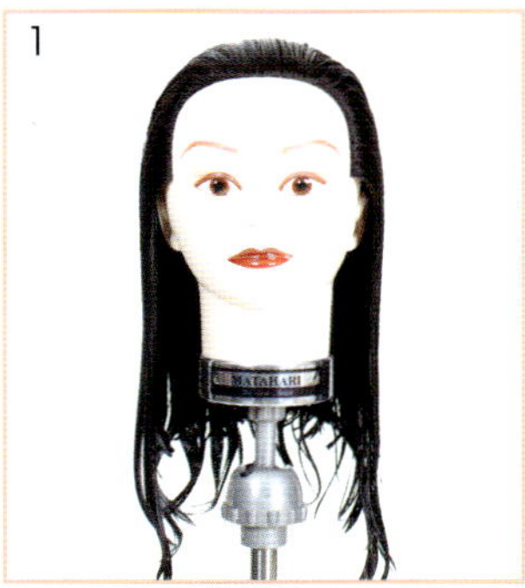

1. 시술 전에 빗질해놓은 상태이다.

2~3. 이어 투이어에서 T.P까지 연결하여 파팅을 나눈다.

4. 파팅을 해서 고정시켜 놓은 상태이다.

5. T.P에서 C.L을 나눈다

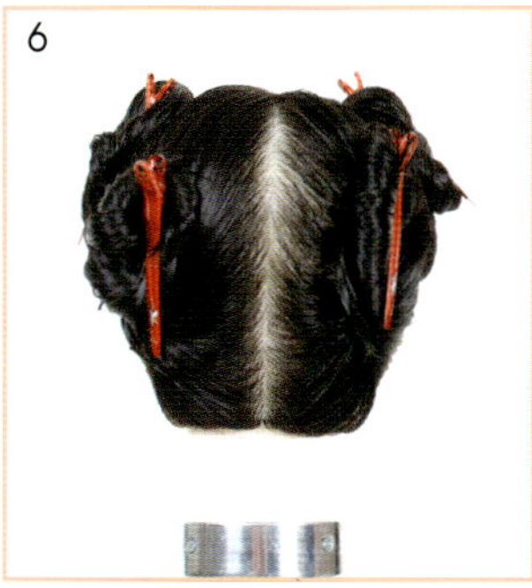

6. 센타라인을 나누어서 고정시켜 놓은 상태이다.

7~8. 1선 1.5 cm로 첫 번째 섹션을 잡고 완만한 U라인으로 하여 파팅을 탄다.

9~10. 오른쪽도 왼쪽과 동일한 방법으로 시술한다.

11. N.P에서 8~9 cm로 가이드를 설정하여 일직선으로 시술 한다.

12. 손가락을 사선으로 하고 U라인을 시술하며 앞이 위로 살짝 올라가도록 시술한다. 선-정중선 기준선은 nape에서 8~9 cm이고 각도는 0° 이며 단차가 3~4 cm(앞올림 형이다)

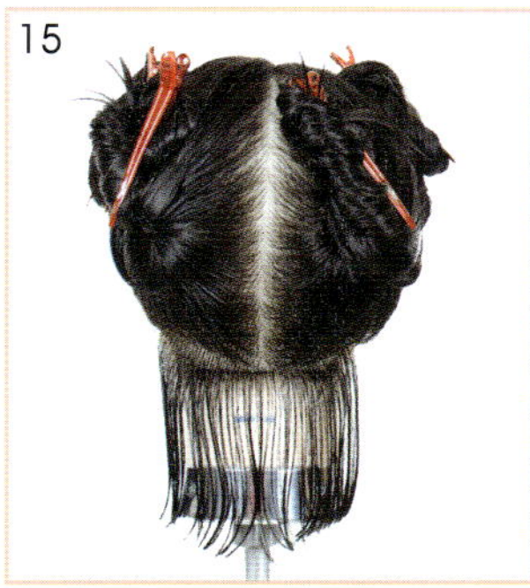

13~14. 먼저 중심부에서 가이드를 시술하고 손가락은 곡면을 따라 사선으로 빗질한다.

15. 좌 · 우 첫선을 시술 해 놓은 상태이다.

16. 2선의 시술을 위한 파팅을 나눈다.

17~19. 2선 바깥 쪽 1 cm 1선의 가이드는 빼고 정중선부터 1선 가장 긴머리에 맞추어 자른다. 자른 머리와 안자른 머리를 1 : 1로 잡고 몸을 구간 구간 움직이면서 자연스럽게 커트한다. 2선은 모발을 0° 로 빗어내려 1선을 기준으로 하여 커트한다.

20

20. 가이드에 맞추어서 시술한다.

21

21. 3선을 위한 섹션을 뜬다. 섹션을 뜰 때에는 빗을 사선으로 잡고 시술한다.

22

22. 반대편도 동일한 방법으로 시술한다.

23

23. 중심에서 자연시술각 0°로 시술한다.

24

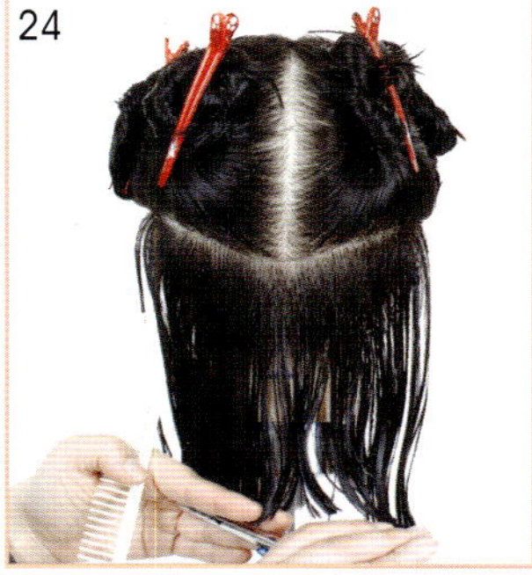

24. V라인의 기울기가 많이 나지 않기위해 손가락의 기울기를 15°로 시술한다.

25

25. 아래 가이드에 맞추어서 시술한다.

26

26. 좌 · 우 U라인의 가이드를 확인한다.

27

27. 다음 시술을 위해 빗을 사선으로 하여 U라인의 파팅을 뜬다.

28. 오른쪽도 왼쪽과 동일한 방법으로 시술한다.

29. 중심부부터 밑 선의 흐름에 맞추어 시술한다.

30. 4선부터는 슬라이스 라인이 완만해진다. 가이드라인에 맞추어가면서 시술한다.

31. 반대쪽도 동일한 방법으로 시술한다.

32. 좌 · 우의 길이를 다시한번 확인한다.

33~34. 크라운 부위부터는 모발이 자연스럽게 흐르는 방향으로 빗어서 가이드라인에 맞추어서 시술한다.

35. 뒷모습이 완성된 모습이다.

36

37

36~37. 후대각으로 섹션을 떠서 앞과 뒤의 단차가 3~4 cm가 되도록 한다.

38

39

38~39. 사이드 커트시 귀가 튀어 나와 있고 이곳의 모류는 역행하므로 텐션을 주지 말고 얼레살로 자연스럽게 빗어내려 밑 가이드에 맞추어 커트한다.

40

40. 첫 선 가이드에 맞추어서 다음시술을 위한 슬라이스를 탄다.

41

41. 후대각 슬라이스를 타서 준비한다.

42

42. 슬라이스와 빗을 동일하게 대고 시술을 위한 준비를 한다.

43

43. 슬라이스와 손가락이 평행하게 대고 커트한다.

44. 슬라이스와 손가락을 평행하게 하고 아래 가이드에 맞추어서 시술한다.

45. 앞머리와 뒷머리사이를 연결하기 위해 빗질한다.

46. 연결되지 않는 모발을 연결한다.

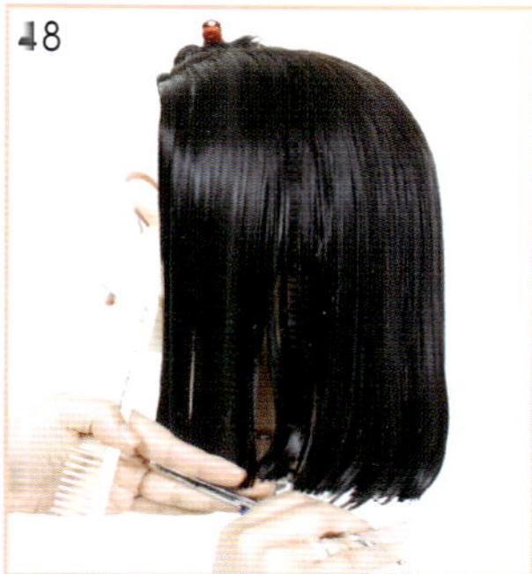

47~48. 뒷모발부터 시작하여 앞더리 까지 연결해 가면서 시술한다.

49. 우측도 좌측과 동일하게 시술한다. 후대각 섹션으로 슬라이스를 탄다.

50. 슬라이스와 빗을 동일하게 대고 다음 시술을 위한 준비를 한다.

51. 후대각 섹션을 떠서 자연 시술각 0°로 시술한다.

52. 이때 가운데 손가락이 보이지 않게 손가락도 0˚로 시술한다.

53. 다음 시술을 위한 슬라이스의 판넬을 뜬다.

54. 빗의 기울기로 후대각으로 슬라이스를 뜬다.

55. 슬라이스와 손가락이 평행하게 하여 후대각으로 시술을 하기 위해 판넬을 잡는다.

56. 앞뒤의 단차가 3~4cm차이가 나도록 시술한다.

57. 손가락과 슬라이스와 평행하게 하여 커트한다.

58. 앞과 뒤의 연결되지 않는 부분을 다시 한 번 판넬을 잡고 커트한다.

59. 다음도 이동해 가면서 앞머리와 뒷머리를 연결한다.

60. 빗질과 손가락을 동일하게 이동해 가면서 시술한다.

4. 그라데이션 – 자연시술각

(1) 요구사항

자격증목	미용사	작품명	헤어커트	시험시간	35분

① 길이: 네이프에서 5~6 cm 내외로 다음과제에 무리가 없도록 한다.
② 시술각도 : 자연시술각 45°, 30° 로 시술한다.
③ 블로킹 : 5등분으로 시술한다.

(2) 배점

기본자세 및 블로킹	시술순서	숙련도	작품결과 및 조화미	계
5	5	5	10	25점 (합격점 15점 이상)

(3) 블로킹 시술순서

① Center를 중심으로 양쪽 3 cm~3.5 cm씩 정하여 분류 한뒤 뒤로 7 cm 정하여 다발 처리한 후 앞에서 뒤로 핀셋 처리한다.
② ①에서 중심부 끝과 E.P를 살짝 지난 곳을 연결하여 옆머리를 핀셋으로 정리한다.
③ 뒤는 정중선을 나누어 두개로 나누어서 핀셋으로 처리한다.

4) 그라데이션 완성작품

윗머리보다 밑머리가 짧은 모양이 되도록 모발에 단차를 주는 커트로 로우그라데이션으로 커트하고 네이프라인은 5~6 cm로 다음과제에 무리가 없도록 하고, 자연시술각 45°, 30°로 시술하여 완성된 작품이다.

5) 시술방법

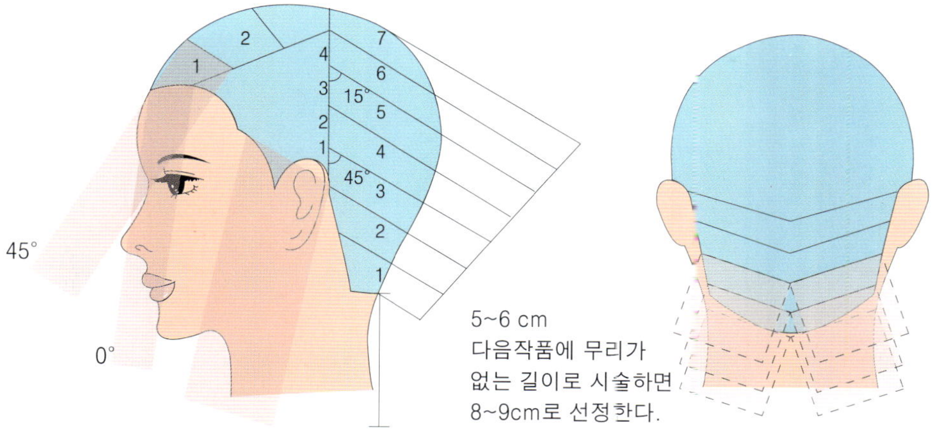

1. 첫번째 섹션을 1.5 cm의 수평섹션을 뜬다.

2. N.P의 길이를 5~6 cm로 길이 가이드를 설정해야 하지만 다음 시술이 없도록 하기위해 8~9 cm를 설정한다.

3. 중심 가이드에 맞추어 양쪽도 중심가이드에 맞추어 시술한다.

4. 1선 1.5 cm를 떠서 가이드 라인 형성된 상태이다.

5. 다음 시술을 위해 슬라이스를 뜬다.

6. 1.5 cm 정도의 섹션을 좌우 동일하게 시술한다.

7. 2선 1.5 cm를 의 섹션을 떠서 B.P까지 45° 로 시술한다.

8. 네이프에서 45° 로 시술한다.

9~10. 다음 시술을 위해 좌우 동일하게 슬라이스 판넬을 뜬다.

11. 밑 길이 가이드에 맞추어 45° 로 시술한다.

12. U자형으로 슬라이스를 뜨고 첫 번째 길이 가이드에 맞추어서 45°로 시술한다.

13. 왼쪽도 중심 가이드에 맞추어 45°로 시술한다.

14. 오른쪽도 뒷쪽과 동일하게 시술한다.

15. U라인 슬라이스를 뜨고 빗을 슬라이스와 동일하게 댄다.

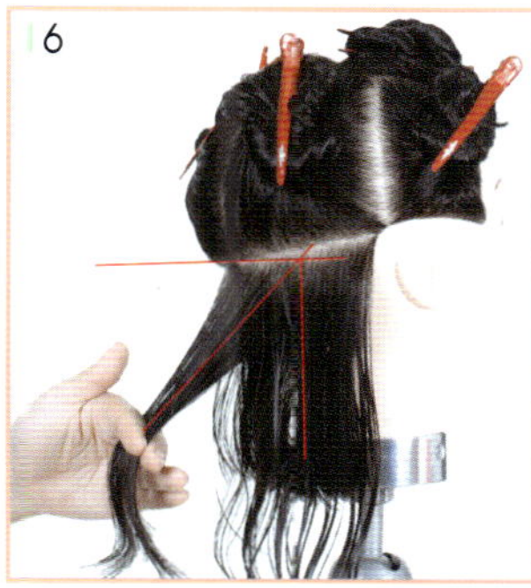

16. 밑 길이에 맞추어서 45°로 시술한다.

17. U라인과 손가락과 동일하게 하여 45°로 시술한다.

18. 오른쪽도 왼쪽과 동일하게 시술한다.

19. 시술해 놓은 상태이다.

20. 완만한 U라인 슬라이스를 뜬다.

21. 오른쪽도 동일하게 슬라이스를 뜬다.

22. 슬라이스와 빗을 동일하게 시술하기 위해 댄다.

23. 밑 선에 맞추어서 시술한다.

24. 중심부에 맞추어서 사이드도 시술한다.

25. 반대쪽도 24번과 동일한 방법으로 시술한다.

26. 다음 시술을 위한 슬라이스를 한다.

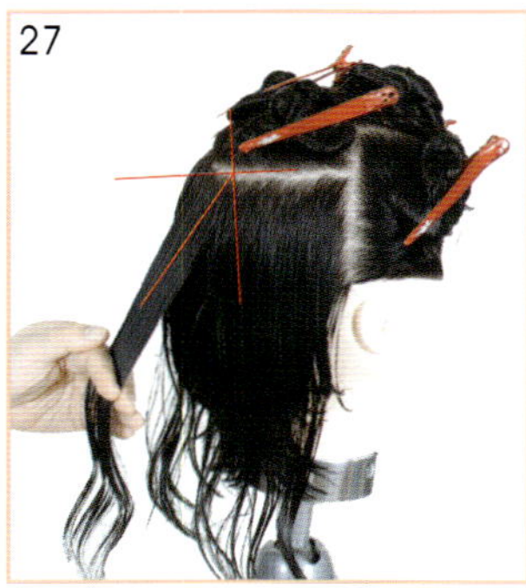

27. 밑선길이 가이드에 맞추어서 시술한다.

28

29

28~29. 아래선 길이 가이드에 맞추어서 시술한다.

30

31

32

30. 방사형으로 빗어 내리기 위해 빗을 댄다.

31~32. 방사형으로 빗어 내려 밑 선의 길이에 맞추어 커트한다.

33

34

35

33. 완만한 후대각 섹션을 떠서 빗을 댄다.

34. 좌측사이드는 후대각 섹션을 하여 E.B.P의 머리 길이에 맞추어 옆선의 길이 가이드를 설정한다.

35. 다음 시술을 위해 후대각 섹션을 뜬다.

36. 후대각 섹션을 떠서 확인 한다.

37. 슬라이스와 손가락을 평행 하게 시술한다.

38. 웨이스라인은 약간 굴려 주면서 밑 선의 길이 가이드에 맞추어 커트한다.

39. 한쪽이 시술이 종료된 상 태이다.

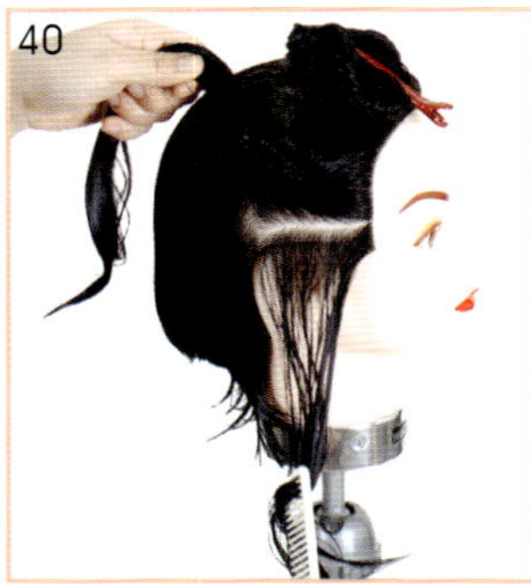

40. 좌측도 우측과 동일하게 후대각 섹션으로 뜬다.

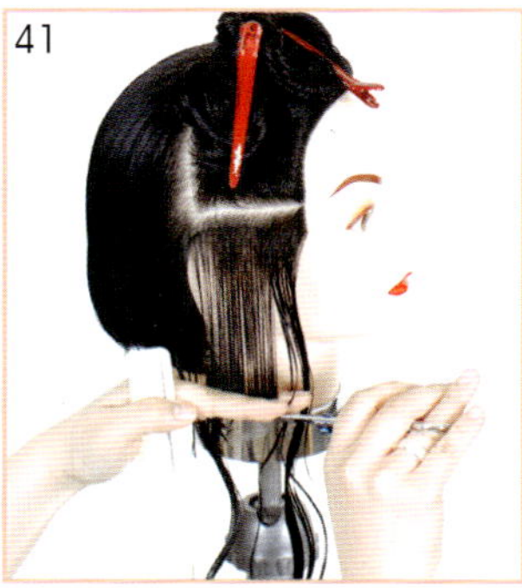

41. 후대각 섹션에 맞추어 손가 락과 평행하게 시술하다.

42. 다음 시술을 위한 슬라이 스를 뜬다.

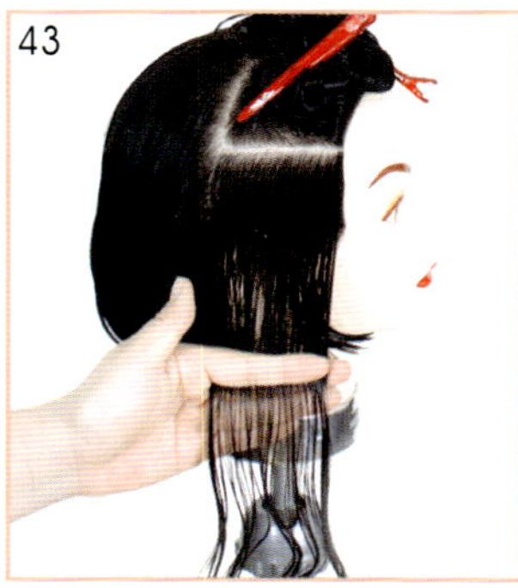

43. 후대각 섹션과 평행하게 손가락을 댄다.

44. 후대각 섹션으로 15~30° 로 들고 시술한다.

45. 밑 가이드에 맞추어 시술 한다.

46. 손가락과 슬라이스와 평행 하게 시술한다.

47. 시술을 위해 빗을 댄다.

48~49. 우측도 좌측과 동일하게 E.B.P를 기준으로 하여 후대각 섹션으로 15~30° 로 들고 커트한다.

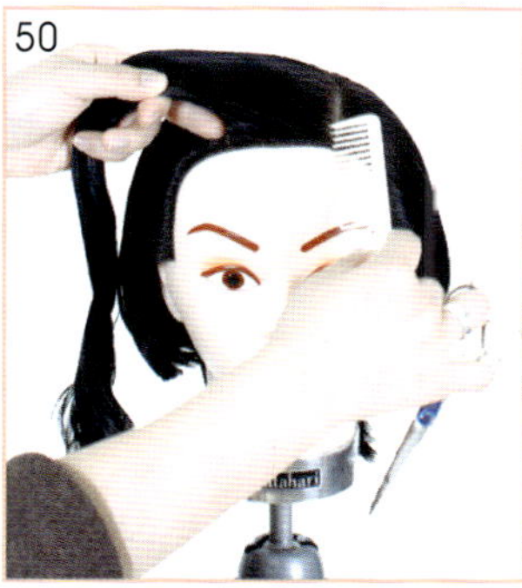

50~51. 앞머리 모발은 2~3 cm 정도로 판넬을 뜬다.

52~54. 1선을 얼굴 쪽으로 빗어내려 사이드 머리길이에 맞추어 자연스럽게 연출하여 커트한다.

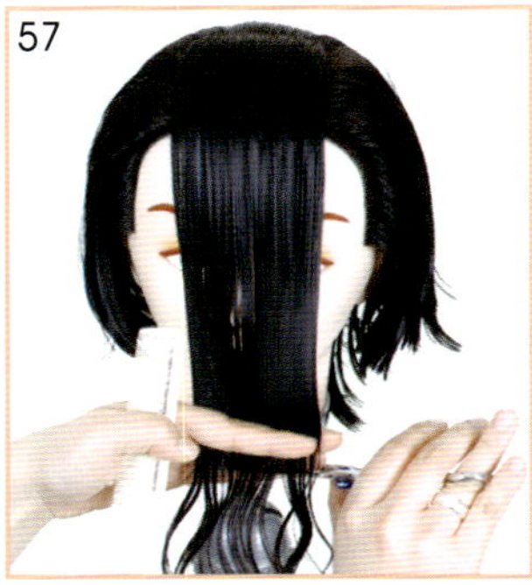

55~58. 2선. 3선도 1선과 동일하게 시술한다.

59~60. 얼굴 쪽으로 커트된 머리를 C.P를 중심으로 가르마를 하여 모발이 난 방향대로 빗어내려 빠져나온 머리를 커트하여 마무리 한다.

5. 레이어 – 일반시술각

(1) 요구사항

자격종목	미용사	작품명	헤어커트	시험시간	35분

① 길이: 네이프에서 8~9 cm 내외로 다음과제에 무리가 없도록 한다.
② 시술각도 : 일반시술각 90°로 시술한다.
③ 블로킹 : 5등분으로 시술한다.

(2) 배점

기본자세 및 블로킹	시술순서	숙련도	작품결과 및 조화미	계
5점	5점	5점	10점	25점 (합격점 15점 이상)

(3) 블로킹 시술순서

블로킹 5등분

① Center를 중심으로 양쪽 3 cm~3.5 cm씩 정하여 분류 한뒤 뒤로 7 cm 정하여 다발 처리한 후 앞에서 뒤로 핀셋 처리한다.
② ①에서 중심부 끝과 E.P를 살짝 지난 곳을 연결하여 옆거리를 핀셋으로 정리한다.
③ 뒤는 정중선을 나누어 두개로 나누어서 핀셋으로 처리한다.

4) 레어이 완성작품

네이프라인에서 8~9 cm로 길이를 설정하여
두상각도(일반시술각 90°)로 무리가 없도록 시술한 작품.

5) 시술 방법

일반 시술각 90° : 두상과 관련된 각도

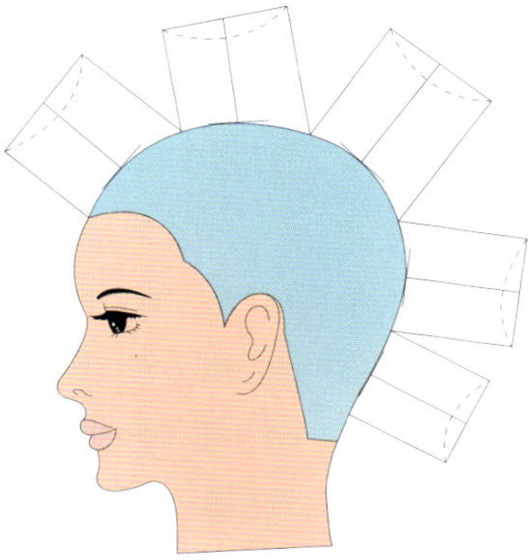

네이프에서 8~9 cm 시작

① 두상에 따라서 일정한 길이로 커트한다.

② 정확하게 커트하는 방법은 두상의 곡면을 알아야 한다. 곡선이 심한 부분은 본인도 모르는 사이에 각도가 틀어져 버린다.

③ 두상에서 일정한 길이로 커트 하며, 길고 짧음에 따라 스타일이 변화한다.

④ 스카랩 상태를 최소화 시켜야 한다.

⑤ 모발의 잘린 단면이 보이고, 두상의 생긴 모양의 연장이다.

⑥ 머리전체를 두피와 평행하게 90°로 끌어내어 온더베이스 커트를 하면 곡면과 연장된 헤어스타일을 만들 수 있다. 하지만 두상이 곡면체이기 때문에 올바른 위치에서 올바른 자세로 커트를 했을 때 원하는 스타일을 만들 수 있다.

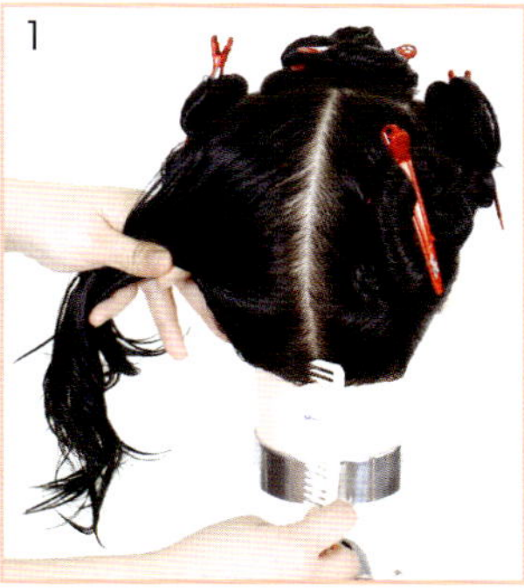

1. 시술하기 위해 1선의 슬라이스 판넬을 뜬다.

2. 수평섹션으로 0°로 빗어내려 커트하기 위해 빗을 수평 섹션으로 댄다.

3. 8~9 cm를 길이 가이드로 설정하여 0°로 시술한다.

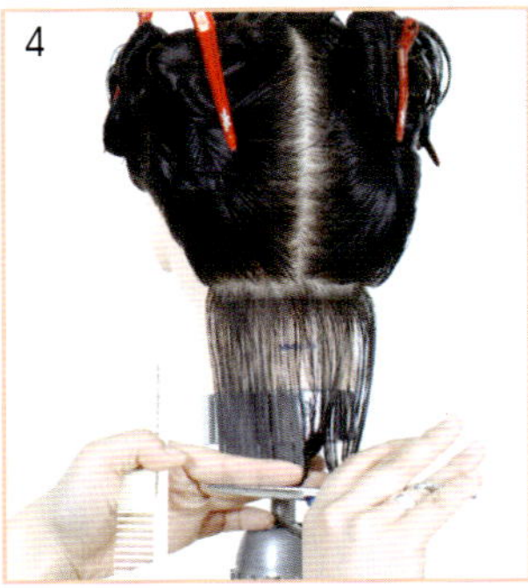

4. 왼쪽도 중심부의 가이드에 맞추어서 커트한다.

5. 오른쪽도 왼쪽과 동일한 방법으로 커트한다.

6. 다음 시술을 위해 1.5 cm의 수평섹션을 뜬다.

7. 좌 · 우 동일하게 수평섹션을 떠놓은 상태이다.

8. 수평섹션을 하며 곡면을 따라 몸을 움직이며 시술하기 위해 빗을 슬라이스 판넬에 댄다.

9. 일반시술각 90°를 시술하기 위해 두상을 따라 시술자가 움직이면서 가이드에 맞추어서 커트한다.

10. 곡면이 들어간 부분은 곡면을 따라 판넬을 펼쳐서 커트하되 8~9 cm 동일한 길이 가이드로 커트한다.

11. 오른쪽도 왼쪽과 동일한 방법으로 시술한다.

12. 1.5 cm씩 간격을 띄워 수평섹션을 뜬다.

13. 왼쪽과 동일하게 오른쪽도 시술한다.

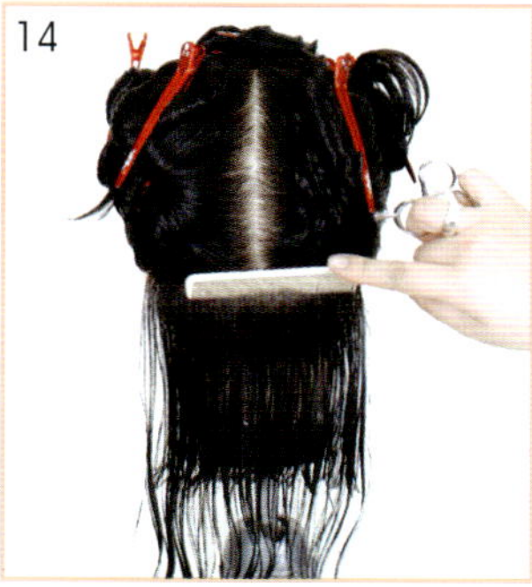

14. 슬라이스 판넬을 이용하여 시술하기 위해 빗을 댄다.

15. 두피에 대해 90˚로 모발의 판넬을 들어서 슬라이스와 평행하게 커트한다.

16. 두상따라 이동하면서 일반시술각 90˚로 시술한다.

17. 두상이 함몰된 부분에서도 슬라이스에 맞추어 시술하기 위해 빗을 댄다.

18. 두상의 곡면대로 펼치던서 일반시술각 90˚가 되도록 시술한다.

19. 오른쪽에 곡면이 함몰된 부분에서도 왼쪽과 동일하게 시술한다.

20. 1.5 cm폭으로 곡면을 따라 슬라이스 판넬을 뜬다.

21. 오른쪽도 왼쪽과 동일하게 곡면을 따라 슬라이스 판넬을 뜬다.

22~24. 2선. 3선과 같이 반복하여 두상에 따라 일반시술각 90˚로 커트한다.

25. 일반시술각 90˚로 시술자가 곡면을 따라 이동하여 커트한다.

26. 커트가 시술된 형태이다.

27. 두상이 들어가기 시작된 부분의 시술을 위해 1.5 cm 슬라이스 판넬을 뜬다.

28. 반대쪽도 동일한 방법으로 슬라이스 판넬을 뜬다.

29. 두상이 들어가기 시작한 이곳부터는 길이가 짧아지지 않도록 주의 하면서 커트한다.

30. 일반시술각 90° 로 시술한다.

31. 두상이 함몰진 것을 주의하면서 시술한다.

32~33. 두상이 함몰된 부분은 길이가 짧아지지 않도록 의식하면서 일반시술각 90° 로 커트한다.

34. 시술이 종료된 상태이다.

35. 곡면을 따라 슬라이스 판넬을 뜬다.

36. 반대쪽도 동일한 방법으로 슬라이스 판넬을 뜬다.

37. 길이가 짧아지지 않도록 주의 하면서 일반시술각 90° 로 커트한다.

38. T.P까지 동일한 방법으로 시술한다(이때 길이가 짧아지지 않도록 주의한다).

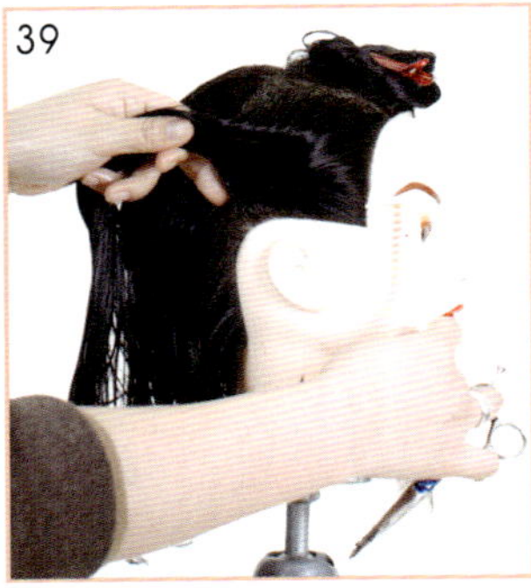

39. 옆선을 시술하기 위해 1.5 cm 슬라이스 판넬을 뜬다.

40. 이곳은 모류가 들뜨기 때문에 텐션을 강하게 하는 것은 피한다.

41. 우측사이드 1선은 E.B.P의 기준선에 맞추어 텐션을 강하게 잡는 것을 피하면서 커트한다.

42. 수평섹션으로 다음시술을 위해 슬라이스를 뜬다.

43. 두피에서 일반시술각 90° 로 모발을 들어서 밑선의 기준에 맞추어서 동일한 길이로 커트한다.

44. 옆선이 시술된 상태이다.

45. 좌측 사이도 커트를 하기 위해 슬라이스 판넬을 뜬다.

46. E.B.P의 길이 가이드를 기준으로 좌측사이드의 커트할 길이 가이드를 설정한다.

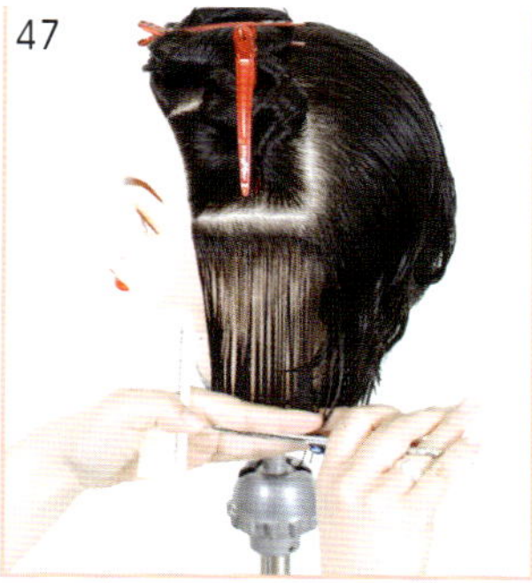

47. 모류가 강하고 귀가 있기 때문에 커트할 때 텐션 없이 시술해야 한다.

48. 다음 시술을 위해 2.5 cm의 수평섹션을 뜬다.

49. 수평섹션과 빗을 동일하게 시술 해야 한다.

50. 판넬을 수평섹션으로 하여 일반시술각 90°로 모발을 들고 1선의 길이 가이드에 맞추어 커트한다.

51. 좌측 F.S.P부분 부터는 길이가 짧아지지 않도록 주의하면서 일반시술각 90°로 시술한다.

52. 탑에 있는 마지막을 시술하기 위해 수평으로 슬라이스 판넬을 뜬다.

53. 수평섹션을 뜬다.

54. 수평으로 두피에서 일반시술각 90° 로 모발을 들어올려 커트한다.

55. 한 판넬의 중심의 가이드를 가이드로 하여 시술해야 한다.

56. 다음 시술을 위해 수평섹션 1.5 cm를 뜬다.

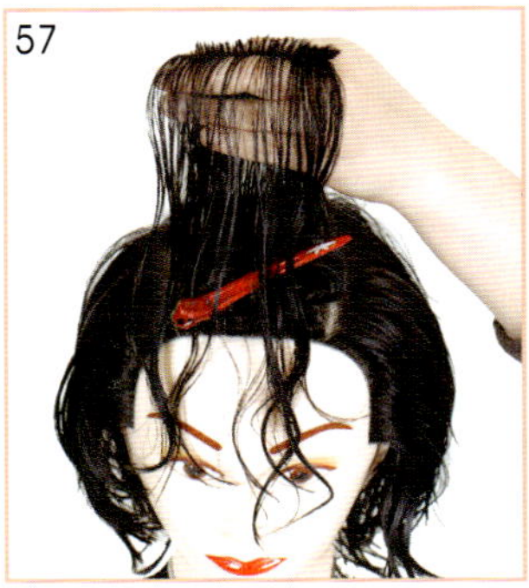

57. 가이드를 가져와서 두피에서 일반시술각 90° 로 커트한다.

58. 한 판넬의 중심의 가이드를 설정해야 한다.

59. 다음 시술을 위해 슬라이스를 뜬다.

60. 두피에서 일반시술각 90° 로 모발을 들어 올린 상태에서 양 옆의 커트선을 기준으로 커트한다.

61. 두상따라 함몰된 부분도 일반시술각 90° 로 커트한다.

62. 가이드에 맞추어서 두피에서 일반시술각 90° 로 커트한다.

63. 함몰된 부분은 두피에서 정확히 모발을 들지 않으면 곡면이 들어갔기 때문에 길어 질 수 있기 때문에 주의하면서 커트한다.

64. 마지막까지 길이 가이드를 놓치지 않고 두피에서 일반시술각 90° 로 커트한다.

3

퍼머넌트 와인딩

1. 미용국가고시 와인딩방법

1) 고무밴드 사용법

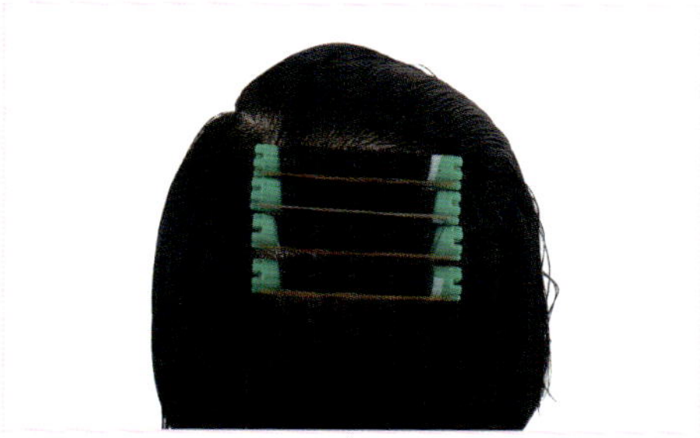

기본 11자형

롯드에 고무줄 끼우는 기본형
미용국가고시 시험장에서 사용된다.
시간을 단축 시키기 위해서
아래의 방법을 이용하면 된다.

1. 엄지에 고무줄을 넣는다.
2. 검지와 중지를 엄지를 향해 넣는다.
3. 엄지 안쪽으로 깊게 넣어서 고무줄을 8자를 만들 준비를 한다.
4. 고무줄로 8자를 만든다.
5. 검지가 빠져 나올 준비를 한다.
6. 검지를 엄지를 향해 너으면서 엄지가 빠져 나올 준비를 한다.
7. 검지와 중지가 엄지를 빠져나온다.
8. 검지와 중지를 벌린다.

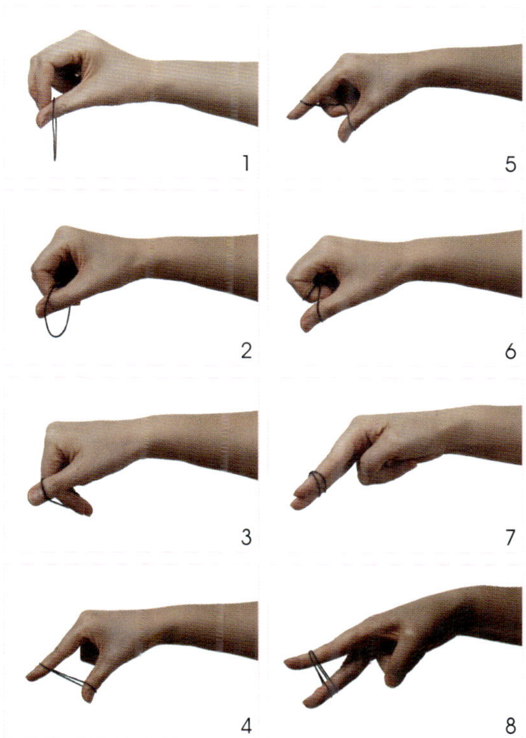

2) 습지말기 (End paper)

모발을 롯드에 와인딩할 때 모발이 꺽인다거나 흐트러짐을 방지하여 보다 쉽게 와인딩 할 수 있는 편리함을 주며 약액의 지나친 흡수를 막아 모발의 손상을 방지해 준다. 또한 모발 끝을 감싸서 딱딱한 플라스틱 롯드로 부터의 모발을 보호한다.

미용국가고시 와인딩방법

단면 사용 와인딩

스트랜드의 윗면에 페이퍼를 올려놓고 말아가는 방법으로 시술하기 전 아래의 방법을 먼저 연습힌다.

1. 약지와 중지에 습지를 놓는다.
2. 중지와 약지 사이에 로드를 놓는다.
3. 중지로 습지를 감싸서 로드 뒤로 보낸다.
4. 넣었던 습지를 가운데 손가락으로 감싼다.
5. 습지가 로드에 감기게 한다.
6. 습지가 로드를 감싸면서 로들르 회전시킨다.
7. 회전시킨 로드를 고무줄을 넣기위한 준비를 한다.
8. 약지에 고무줄을 걸고 로드에 고무줄을 끼운다.
9. 약지에 있는 고무줄도 끼울 준비를 한다.
10. 로드의 좌우에 고무줄을 끼운다.

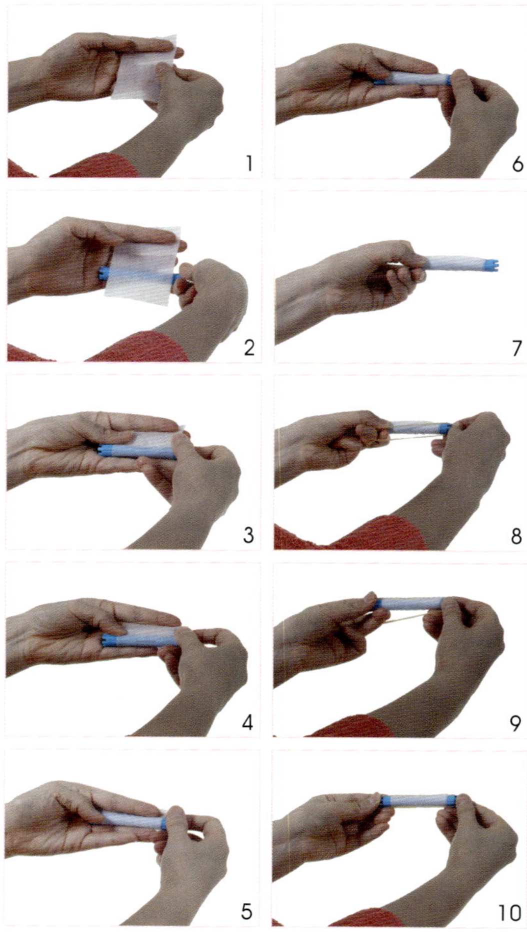

3) 기본 와인딩(Winding), 랩핑(Wrapping)

① 롯드에 모발을 감는 것으로 적절하고 균일한 힘(텐션)의 배분이 중요하다. 모발을 균일하게 당겨서 좌·우 또는 안쪽과 바깥쪽이 틈이 생기지 않게 말아서 슬라이스 위에 고정시키는 것을 말한다. 베이스 폭, 롯드와 모발의 길이, 모발의 양과 웨이브와의 관계, 고무줄 거는 방법에 주의하면서 시술한다.

② 꼬리빗은 재질은 부드럽고 표면이 매끈해야 하며 빗살이 촘촘한 것을 사용하는 것이 모발을 골고루 끌어내기가 쉽다. 끝부분이 뾰족하거나 날카로운 것의 사용은 두피를 자극하여 상처를 입힐 수 있기 때문에 사용에 주의하여야 한다.

시술과정

1~3. 와인딩 시술을 위한 슬라이스를 떠서 손가락에 모발을 펼쳐서 잡는다.
4. 와인딩 시술을 위한 습지를 댄다.
5. 좌 · 우가 균일한 텐션으로 와인딩한다.
6~8. 11자로 고무밴딩 처리한다.

2. 미용사 실기과제 배점표(퍼머넨트 와인딩)

퍼머넨트 채점 기준 및 배점

시험시간:35분

평가기준	요구사항	배점	비교 (점수를 적게 주거나 많이 줄 때 이유)
(1) 기본자세 및 블로킹	• 복장과 정리정돈 • 시험 과제물 준비사항 • 브록킹 순서, 두상 나누기 배분 • 나누어 묶은 모발상태(고무줄 밴딩과 장소)	5점	
(2) 와인딩 순서	• 와인딩 순서 • 롯드배치와 갯수(55개 이상)	5점	
(3) 빗질, 롯드의 간격	• 빗질과 슬라이스 간격 • 빗질의 방향과 숙련도 • 롯드의 간격이 일정하여 두상 위에 롯드를 균일하게 분포시킴	5점	
(4) 각도, 텐션 및 고무 밴딩 상태	• 고무줄 밴딩처리 상태(11자) • 텐션, 와인딩 각도 상태	5점	
(5) 숙련도와 조화미	• 균형있고 깔끔하게 마무리된 상태 • 롯드의 개수 55개 이상 • 퍼머넨트 와인딩의 정확성(롯드의 간격, 텐션, 롯드의 배치를 해 놓은 상태에 전체적 조화미)	5점	

퍼머넨트 와인딩 주의사항

① 모발 끝이 꺾이지 않도록 슬라이스하고 앤드페이퍼를 사용하여 모발을 감싸서 와인딩한다.
② 스트랜드를 좌, 우의 모발에 평평하게 넓히면서 텐션을 주면서 와인딩을 진행시킨다.
③ 롯드의 규격은 두부의 부위별로 크기를 달리한다. 네이프 부분은 소형, 크라운 하부에서 사이드에 걸쳐서는 중형, 중앙 탑에서 크라운의 앞부분에 걸쳐서는 대형 롯드를 사용한다.
④ 슬라이스양을 적절하게 하고 롯드의 간격을 일정하게 와인딩 한다.
⑤ 와인딩할 때에는 롯드에 텐션을 균등하게 하면서 감는다.
⑥ 슬라이스 간격과 빗질의 방향을 상실하여 삼각형 같은 공간이 생기지 않도록 와인딩한다.
⑦ 고무밴딩 기법은 11자형으로 할 것

1. 채점기준에 따른 배점

(1) 기본자세 및 브로킹

∗ 배점적용 (5점)

· 브로킹을 하지 않았을 때, 브로킹이 틀렸을 때, 브로킹이 전체적으로 정확하지 않았을 대, 브로킹 전과정을 통하여 물을 고루 축이지 않을 때(앞의 경우 어느 하나에 해당될 때): 0점

· 브로킹이 일부 불안하거나 또는 브로킹의 고무줄처리가 눈에 띄게 미숙할 때: 1점

· 브로킹은 정확하나 브로킹의 고무줄 처리가 미숙할 때: 2점

· 브로킹이 정확하고 고무줄 처리가 양호할 때: 3점

· 브로킹이 정확하고 브로킹의 고무줄처리가 양호하며 다음 동작연결이 무난할 때: 4점

· 브로킹의 숙련이 민활하고 정확하며 다음 동작의 연결이 부드럽고 자유자재일 때: 5점

(2) 와인딩 순서

∗ 배점적용 (5점)

· 작업순서가 뒤죽박죽일 경우(또는 한번 와인딩한 로드를 다시 푸는 경우): 1점

· 작업순서는 준수하면서 머리전체를 같은 로드규격으로 시술하였을 때 또는 삼각형 공간이 있을 때: 2점

· 작업순서를 준수하고 머리전체에 로드의 규격을 배려하여 배치하고 스트랜드 구분, 페이퍼 사용 및 로울링 처리가 무난하여 최종적으로 삼각형의 공간이 없을 때: 3점

· 작업순서를 준수하고 스트랜드 구분, 페이퍼 사용 및 로울리처리, 짧은머리 처리, 고무밴드 고정숙련도 등에 무리가 없으며 로드 규격을 두부 부위에 따라 고려했을 때: 4점

· 작업순서, 와인딩 및 로드배치, 로드규격 등에 흠을 잡을 수 없으며 시술 후 전체적인 조화가 잘 이루어졌을 때: 5점

(3) 슬라이스기법, 빗질, 롯드의 간격

∗ 배점적용 (5점)

· 특정부위에서 슬라이스의 양이 갑자기 많아져

(1) 로드간격이 로드지름 이상으로 너무 벌어졌을 때

(2) 로드가 포개졌을 때

(3) 빗질의 정성이 부족하여 로드위에 머리가 균일하게 분포되어 있지 않아 퍼머넨트 페이퍼가 불규칙하게 보이는 경우, 위 내용중 어느 하나라도 해당되면 0점 처리

슬라이스량의 적정, 빗질의 적성 및 숙련, 로드의 간격이 일정하고 알맞게, 로드위의 머리가 균일하게 분포되어야 하는 상태의 기준에서

- 슬라이스의 양이 일정치 않거나 로드간격의 상당부분이 불안정한 상태일 때: 2점
- 로드간격이 일부 불안정하나 로드의 두발분포가 균일한 수준일 때: 3점
- 두부 부위중 1~2개소에서 보완을 해야 하는 수준이나 전체적으로는 무난하게 시술하는 수준일때: 4점
- 상기기준이 모두 양호할 때: 5점

(4) 각도, 텐션 및 고무밴딩 상태

∗ 배점적용 (5점)

· 로드 1개를 풀어보아서 두피와 모발이 이루는 각도가 정확하지 않고, 고무줄이 11자로 이루어지지 않고 있으며, 텐션도 로드과정중 처음에는 강하고 탄력있게 두피에 가까이 와서는 부드럽고 연하게 붙어있지 않을 때: 0점

· 두피와 모근부와의 각도, 고무밴딩의 기법, 텐션중 각도 및 텐션에 한하여 상당한 결함이 있을 때: 1점

· 두피와 모근부와의 각도, 고무밴딩의 기법, 텐션중 텐션에만 결함이 있을 때: 2점

· 두피와 모근부와의 각도, 고무밴딩의 기법, 텐션중 각도에만 일부 결함이 발견되는 수준일 때: 3점

· 각도, 고무밴딩, 텐션 등에 결함이 없는 수준일 때: 4점

· 각도, 고무밴딩, 텐션 등이 우수한 수준일 때: 5점

(5) 숙련도와 조화미

∗ 배점적용 (5점)

· 노파트(A형) 경우 로드의 개수가 55개 미만일 때, 나머지 유형은 53개 미만일 때: 0점

· 전체적으로 요구사항의 표현이 일부 부족할 때: 1점

· 전체적인 조화의 미가 보통수준에서 다소 부족할 때: 2점

· 지정된 유형의 작품특성이 뚜렷이 나타나는 수준일 때: 3점

· 전체적인 균형 및 조화의 미가 무난한 수준일 때: 4점

· 전체적인 균형과 조화의 미가 우수한 수준일 때: 5점

1. 미용사 실기과제(10등분 – 가르마 없는 형)

1) 요구사항

자격증목	미용사	작품명	퍼머넌트 와인딩	시험시간	35분

① 10등분으로 블로킹 타서 시술하여야 한다.
② 고무밴드 처리는 11자형으로 시술하여야 한다.
③ 롯드는 55개 이상, 두상에 알맞은 규격 롯드를 적절하게 배치하여야 한다.
④ 와인딩 된 롯드는 두피의 각도, 빗질, 텐션에 맞추어서 시술한 후 전체적인 롯드의 조화미가 있어야 한다.
⑤ 시술순서를 지켜야 한다.

2) 배점

블로킹	와인딩 순서 및 로드배치	슬라이스	각도, 텐션 및 고무줄 밴딩상태	조화미	계
5점	5점	5점	5점	5점	25점 (합격점 15점 이상)

3) 10등분 순서 및 시술요령

① 퍼머넌트 블로킹은 탑부위부터 시술하고 와인딩의 시술순서는 네이프부터 시술한다.
② 꼬리빗은 블로킹을 처음 시작할 때부터 완성될 때까지 내려놓지 않는다.
③ 마네킹과의 거리는 30 cm를 유지해주며 허리는 구부리지 않고 한 발을 앞으로 내민 자세로 몸을 낮추어 시술한다.

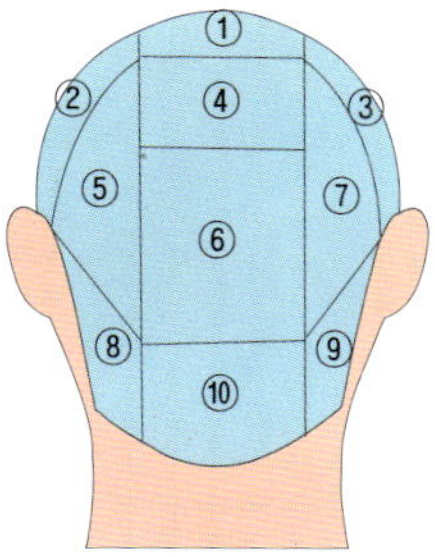

블로킹 순서

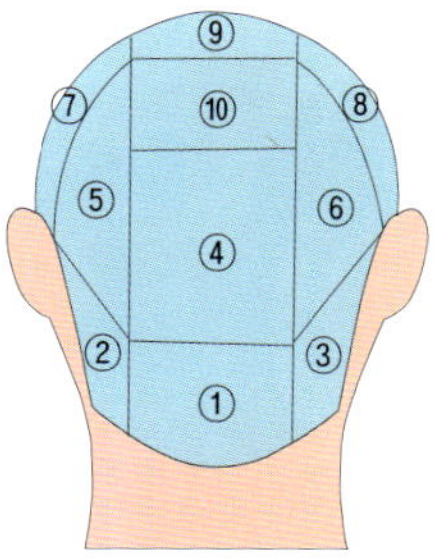

와인딩 순서

4) 블로킹순서와 와인딩순서

① 블로킹 순서

1

2

3

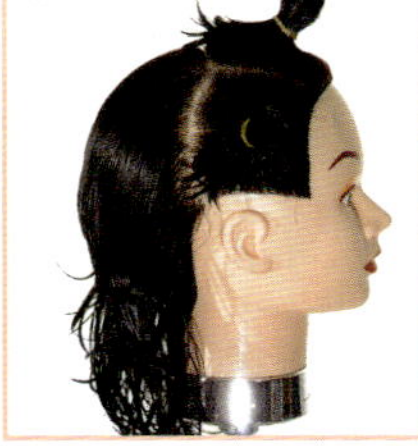

4

5

6

7

8

9

10

② 와인딩 순서

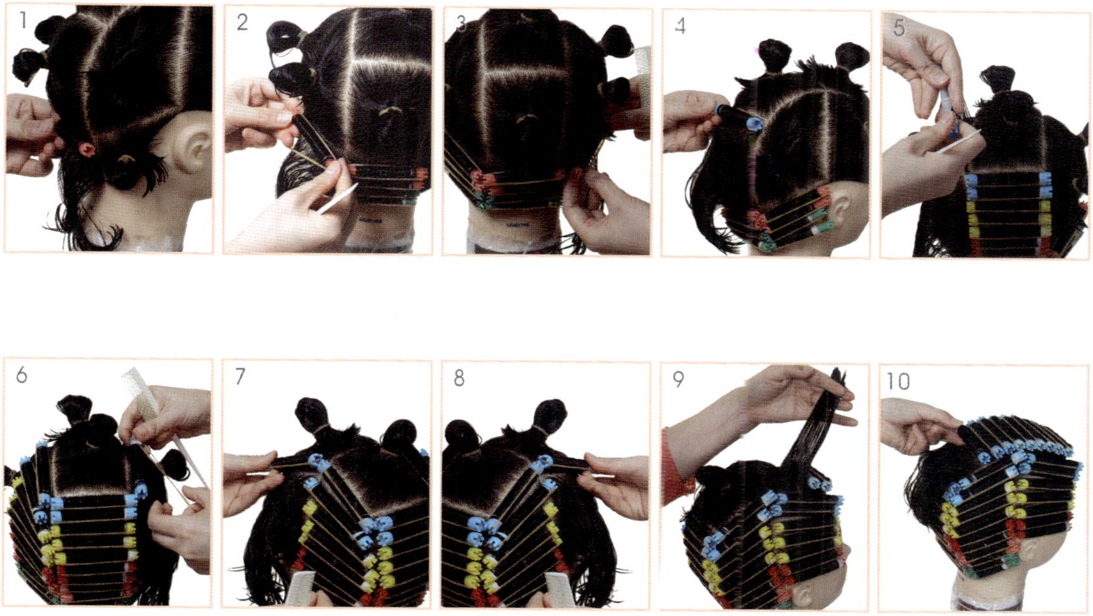

5) 10등분 가르마 없는 형 완성작품.

로드(Rod)는 55개 이상으로 사용하되 머리 전체에 알맞은 규격의 로드를 각 부위에 적당하게 배치해야 한다. 전체적인 작품순서를 지키면서 두피와의 각도 및 텐션에 무리가 없게하여, 완성된 작품이다.

6) 시술방법

(1) 10등분(네이프 – 중앙)

9호(2개), 10호(2개)

1. 빗질을 곱게하여 와인딩하기 쉽게 습지를 놓는다.
2. 롯드를 와인딩하여 두피에 놓는다.
3. 두피에 고정시키기 위해 고무줄을 11자로 끼운다.
4~5. 사이드를 사선으로 슬라이스를 떠서 와인딩하는데 롯드와 부딪히지 않게 배열한다.
6~10. 텐션, 중심부에 빗질, 각도를 주의하면서 왼쪽과 동일하게 와인딩한다.

(2) 10등분(백 – 센터사이드)

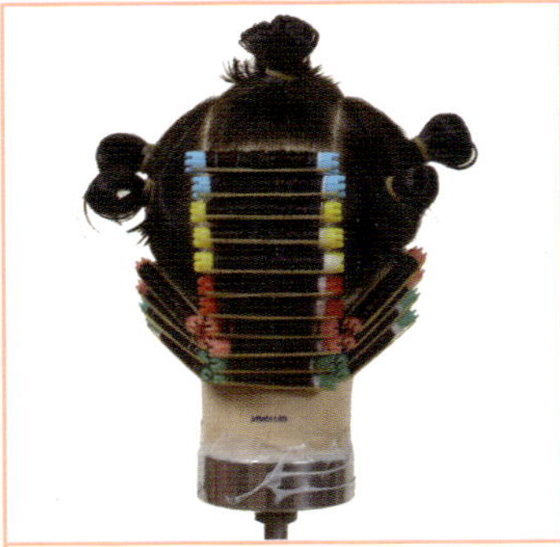

6호(2개), 7호(3개), 8호(2개)

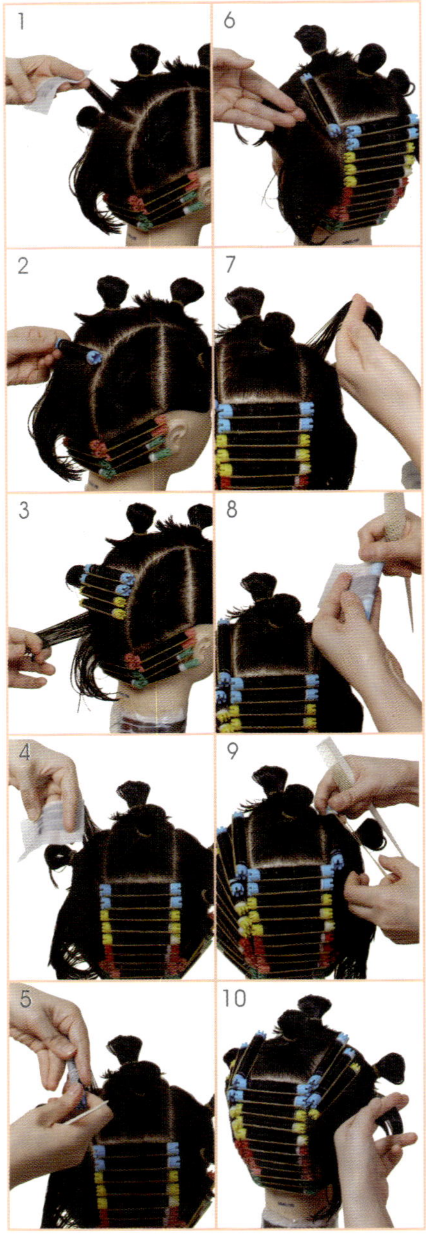

1. 슬라이스는 가로로 1~1.5 cm를 떠서 와인딩한다.
2. 고무밴딩처리는 11자로 한다.
3. 6호(2개), 7호(3개), 8호(2개)를 와인딩한다.
4~5. 첫 슬라이스 각도를 90~100°로 들어서 와인딩한다.
6. 후대각 슬라이스로 곡면을 잘 연결하여 와인딩한다.
7~10. 좌우균형을 맞추어 와인딩한다.

(3) 10등분(앞면)

앞-옆면 6호(2개), 7호(3개), 8호(2개)
중앙 6호(8개), 7호(3개), 8호(2개)

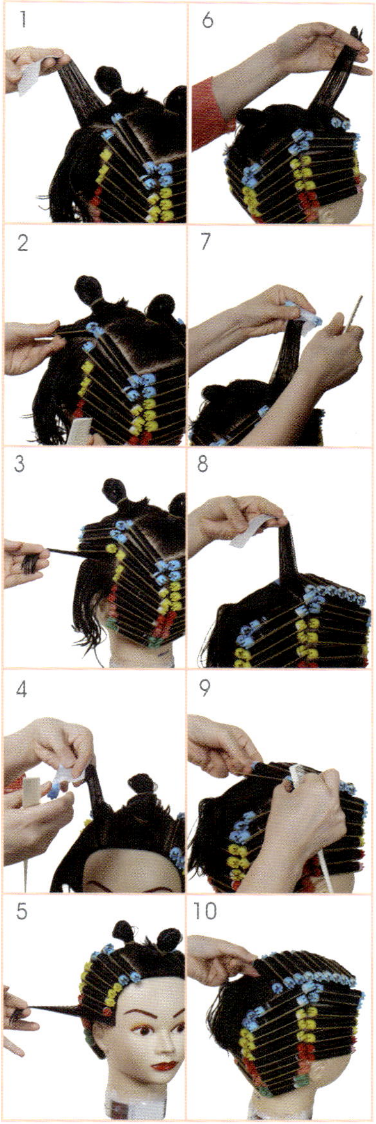

주의사항

① 네이프의 고개로 15° 이상 숙여진 상태에서 시술하여야 한다.

② 스트랜드 안 쪽에서 빗살 끝을 두피를 향해 빗을 넣는다.

③ 어느 한 쪽이 늘어나지 않도록 중심을 잘 잡아서 와인딩 하도록 한다.

1. 곡면이 들어간 부분에 시술각을 들어서 와인딩한다.
2, 3. 귀위부분은 곡면이 둥글기때문에 헤어라인을 따라 사선의 C의 흐름으로 와인딩한다
4, 5. 좌 · 우 균형을 맞추어 와인딩한다.
6, 7. 130~90° 곡면을 따라 시술각을 점차 낮추어가면서 와인딩한다.
8, 9. 1~1.5 cm 간격으로 롯드간격을 조절하면서 고무밴딩은 11자로 시술한다.

2. 미용사 실기과제 9등분 – 가르마 없는 형(가르마 없는 형)

(1) 요구사항

자격증목	미용사	작품명	퍼머넨트 와인딩	시험시간	35분

① 9등분으로 블로킹 타서 시술하여야 한다.

② 고무밴드 처리는 11자형으로 시술하여야 한다.

③ 롯드는 55개 이상, 두상에 알맞은 규격 롯드를 적절하게 배치하여야 한다.

④ 와인딩 된 롯드는 두피의 각도, 빗질, 텐션에 맞추어서 시술한 후 전체적인 롯드의 조화미가 있어야 한다.

⑤ 시술순서를 지켜야 한다.

(2) 배점

블로킹	와인딩 순서 및 로드배치	슬라이스	각도, 텐션 및 고무줄 밴딩상태	조화미	계
5점	5점	5점	5점	5점	25점 (합격점 15점 이상)

(3) 9등분 순서 및 시술요령

① 퍼머넌트 블로킹은 탑부위부터 시술하고 와인딩의 시술순서는 네이프부터 시술한다.

② 꼬리빗은 블로킹을 처음 시작할 때부터 완성될 때까지 내려놓지 않는다.

③ 마네킹과의 거리는 30 cm를 유지해주며 허리는 구부리지 않고 한 발을 앞으로 내민 자세로 몸을 낮추어 시술한다.

④ 10등분과 다른점은 크라운과 백을 함께 나누기 때문에 사이가 넓어지거나 좁아지지 않게 슬라이스양, 밴딩처리, 각도, 텐션을 유지해야 한다.

⑤ 마지막 롯드는 처지지 않게 직선 - 사선의 흐름으로 롯드와 롯드가 서로 만나도록 처리한다.

(4) 블로킹을 나누는 방법과 와인딩 순서

① 블로킹 순서

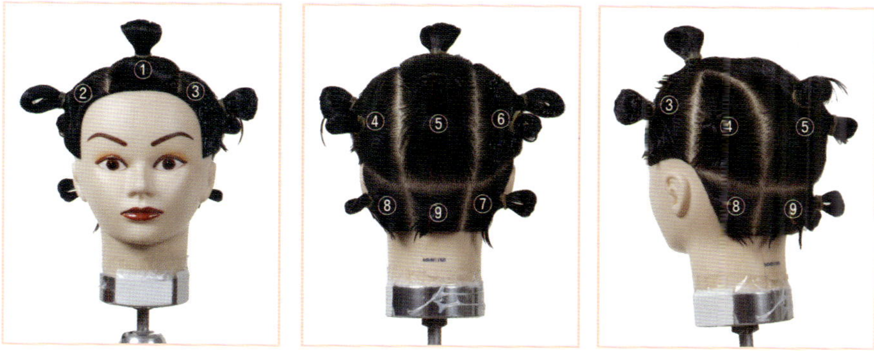

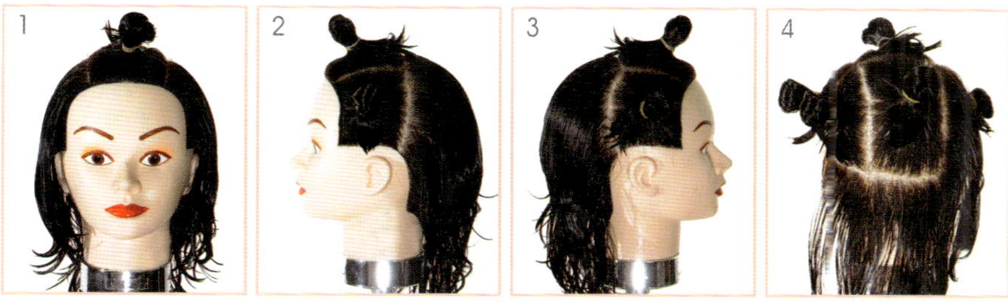

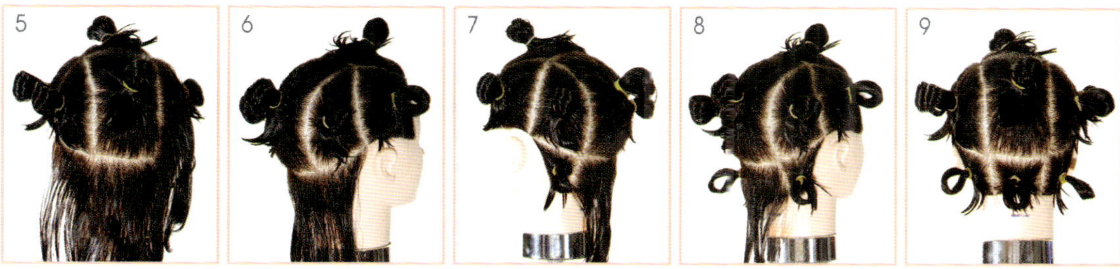

② 와인딩 순서

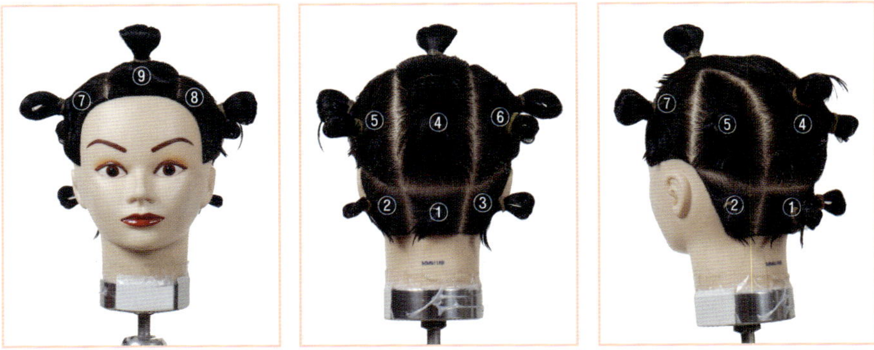

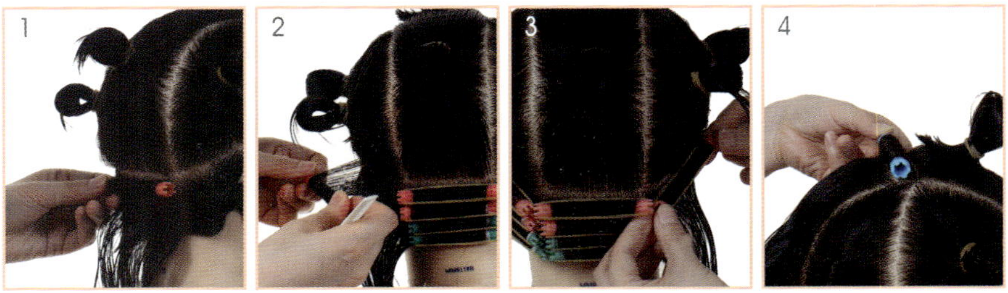

(5) 9등분(가르마 없는 형) 완성작품

로드(Rod)는 55개 이상으로 사용하되 머리 전체에 알맞은 규격의 로드를 각 부위에 적당하게 배치해야 한다. 전체적인 작품순서를 지키면서 두피와의 각도 및 텐션에 무리가 없도록 하게 시술한 완성된 작품.

(6) 시술방법

① 9등분(네이프 – 사이드)

마지막 롯드는 절대로 쳐지지 않게 직선-사선의 흐름으로 롯드와 롯드가 서로 만나도록 처리한다.

롯드 : 9호(2개), 10호(2개)

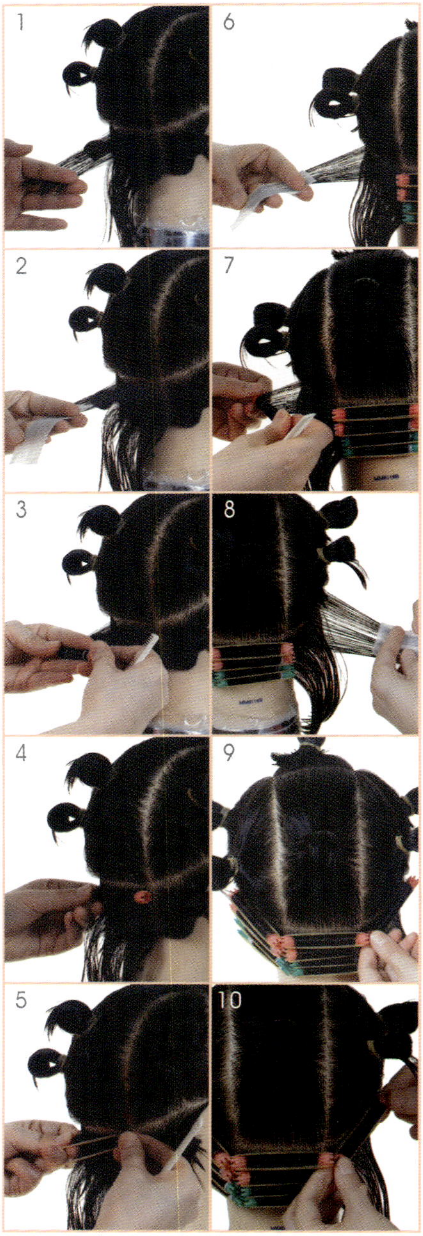

시술과정

1. 시술을 위해 15° 정도 고개를 숙인다.
2~4. 모발 끝부분에 습지를 모발이 꺽이지 않게 와인딩한다.
5. 11자로 고무밴딩으로 처리를 한다.
6. 모발 끝 부분에 와인딩하기 쉽게 습지를 놓는다.
7~8. 좌 · 우 균일한 힘으로 와인딩한다.
9. 왼손으로 고정한다.
10. 11자 고무밴딩 처리한다.

(2) 9등분(백 – 중앙 – 사이드)

① 백 포인트(Back Point)

두상의 흐름에 따라 튀어 나온 부분으로 90°를 유지한다 텐션(당기는 힘), 각도, 슬라이스 양이 일정해야 롯드가 조화있게 놓여지게 된다.

롯드 : 6호 8개), 7호(3개), 8호(2개)

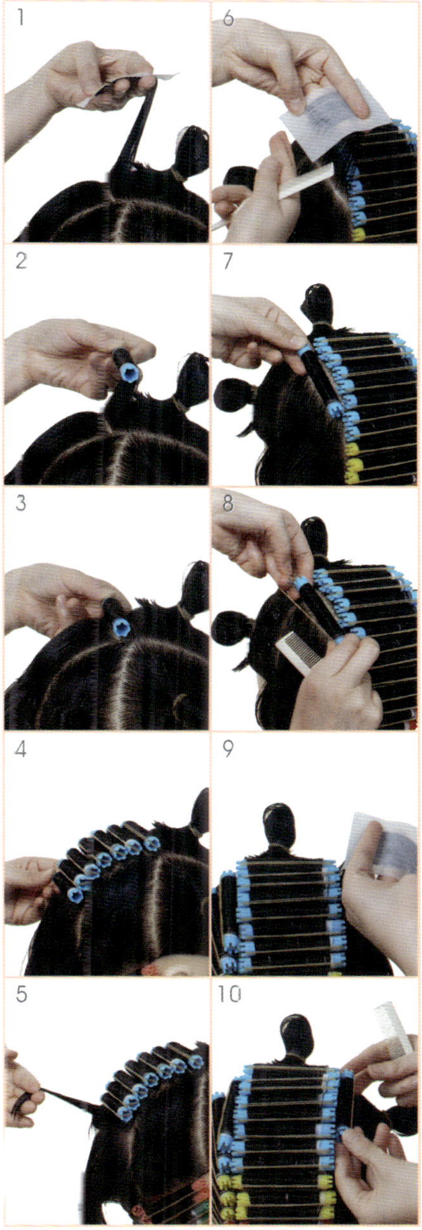

1~5. 첫 슬라이스 양은 0.9 cm로 떠서 90°를 유지한 다음, 검지와 중지를 사용해 모발을 모아 와인딩한다.

6~10. 앞 1 cm, 백 포인트 첫 슬라이스는 꼭지점과 사선으로 슬라이스를 뜬다. 롯드를 말 때는 뒷쪽으로 살짝 당겨서 좌우 균형을 맞추어 어느 한 쪽으로 치우치지 않도록 주의해야 한다

(3) 9등분 앞면

옆면 : 6호(2개), 7호(3개), 8호(2개)
중앙 : 6호(6개)

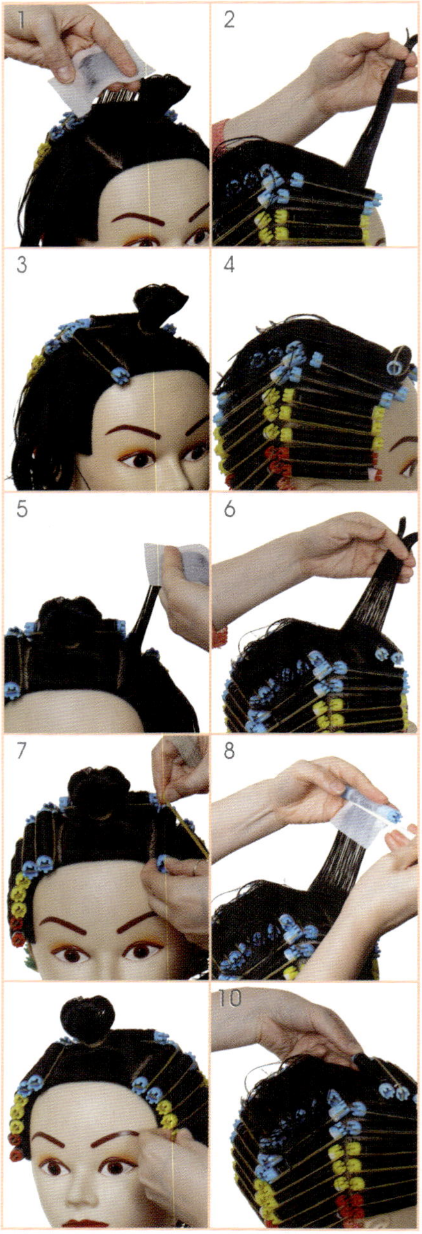

1. 첫 슬라이스 양은 조금만 떠서 모발이 꺽이지 않게 빗질하여 습지를 대고 와인딩 준비를 한다.
2. 11자 밴딩처리를 한 후 6호 2개, 7호 3개, 8호 2개를 와인딩한다.
3. 1번과 동일한 방법으로 시술한다.
4. 11자 고무밴딩처리를 한다.
5. 2번과 동일한 방법으로 시술한다.
6. 첫 슬라이스 양을 적게 더서 와인딩 한다.
7. 11자 고마밴딩처리를 한다.

8-10. 6호 롯드를 6개 와인딩한다.

3. 미용사 실기과제 5등분 – 센터파트

자격종목	미용사	작품명	퍼머넨트 와인딩	시험시간	35분

(1) 요구사항

① 5등분으로 블로킹 타서 시술하여야 한다.

② 고무밴드 처리는 11자형으로 시술하여야 한다.

③ 롯드는 55개 이상, 두상에 알맞은 규격 롯드를 적절하게 배치하여야 한다.

④ 와인딩 된 롯드는 두피의 각도, 빗질, 텐션에 맞추어서 시술한 후 전체적인 롯드의 조화미가 있어야 한다.

⑤ 시술순서를 지켜야 한다.

(2) 배점

블로킹	와인딩 순서 및 로드배치	슬라이스	각도, 텐션 및 고무줄 밴딩상태	조화미	계
5점	5점	5점	5점	5점	25점 (합격점 15점 이상)

(3) 5등분 순서 및 시술요령

① 꼭지점이 생기지 않게 한다.

② 중심에서 왼쪽 오른쪽으로 정확히 양을 나눈다.

③ 첫 슬라이스양은 0.5 mm~0.7 mm로 하고 120° 와인딩한다.

④ 마네킹과의 거리는 30 cm를 유지하며 허리는 구브리지 않고 한발을 앞으로 내밀고 자세로 몸을 낮추어 시술한다.

⑤ 꼬리빗은 블로킹을 처음 시작할때부터 완성될때까지 내려 놓지 않는다.

(4) 블로킹 나누는 방법과 와인딩 방법

① 블로킹 순서

1

2

3

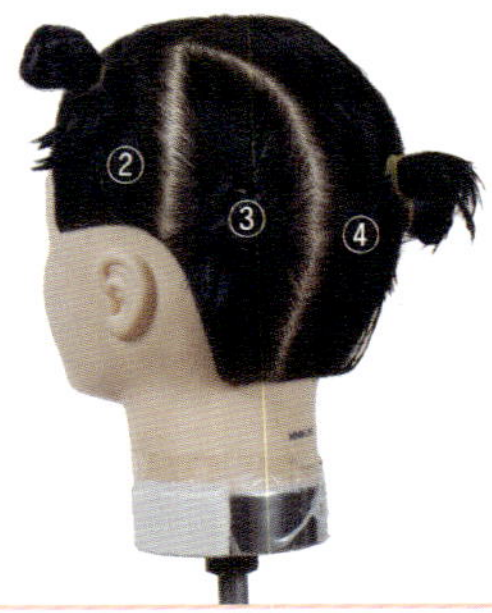

1

2

3

4

5

② 와인딩 순서

1

2

3

1

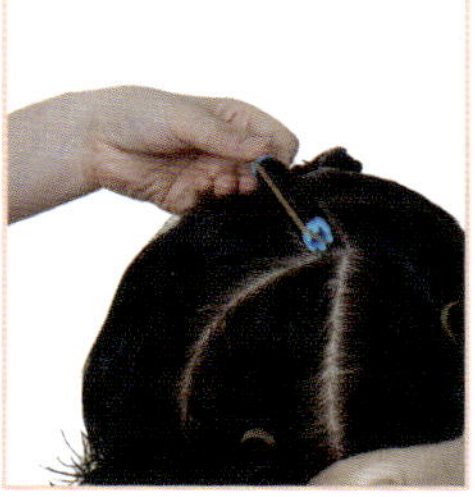

2

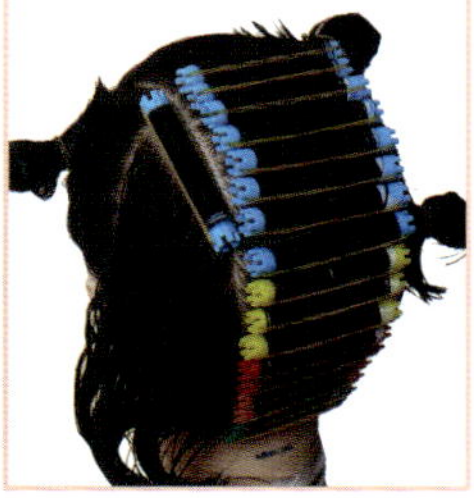

3

4

5

(5) 등분(센터파트) 완성작품

블로킹은 센터가르마도 5등분으로 나눈 후 로드(Rod)는 55개 이상으로 사용하되 머리 전체에 알맞은 규격의 로드를 각 부위에 적절히 배치해야 하고, 꼭지점이 생기지 않게 시술하며 두피와의 각도 및 텐션에 무리가 없도록 하여 완성된 작품이다.

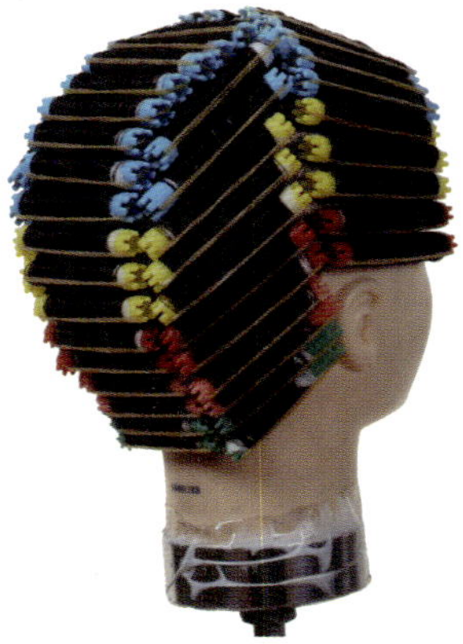

(6) 시술방법

① 5등분(중앙)

1

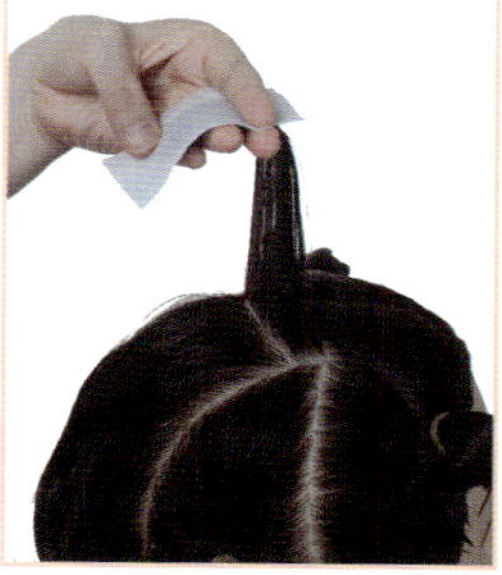

2

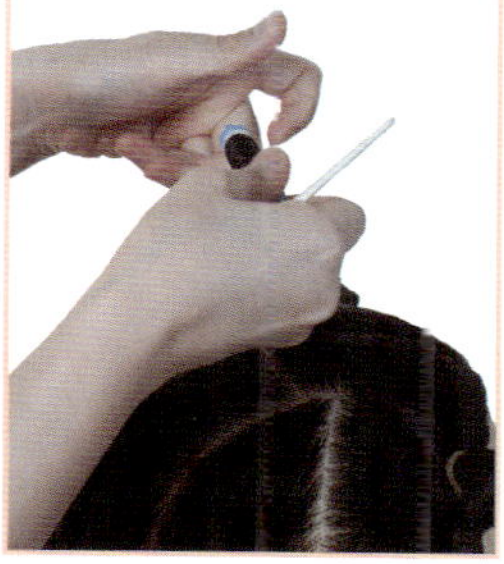

3

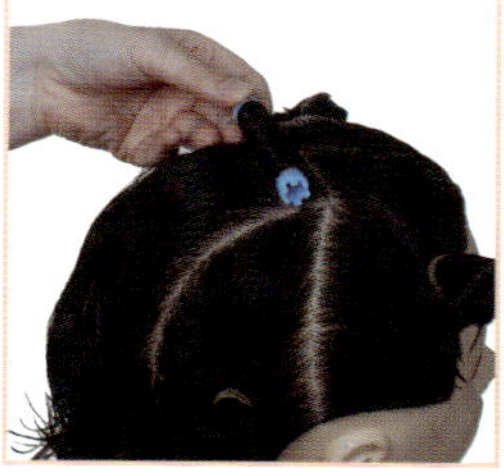

4

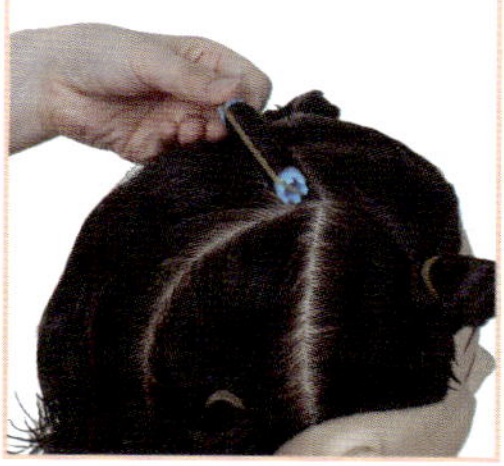

5

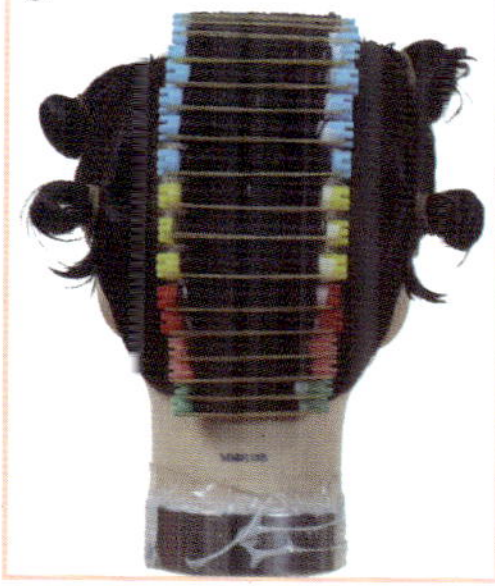

빗질 각도를 정확하게 하여 시술하면서 위에서부터 아래로 6호(8개), 7호(3개), 9호(2개), 10호(2개)에 맞추어 와인딩한다.

② 5등분(사이드)

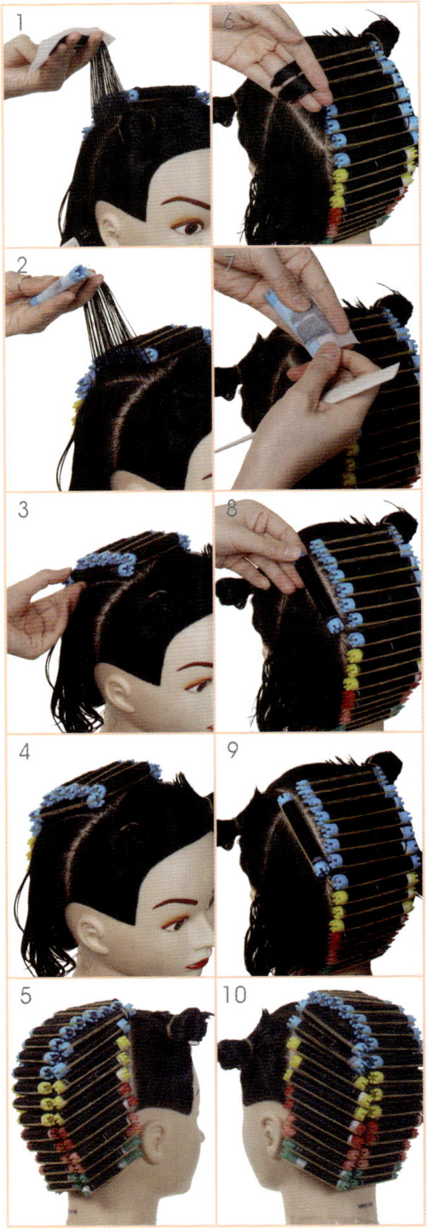

위에서 아래로 내려오면서 6호(2개), 7호(3개), 8호(2개), 9호(2개), 10호(2개)를 사선으로 와인딩한다.
반대쪽도 위에서 아래로 내려오면서 6호(2개), 7호(3개), 8호(2개), 9호(2개), 10호(2개)를 사선으로 와인딩한다.

③ 5등분(앞면)

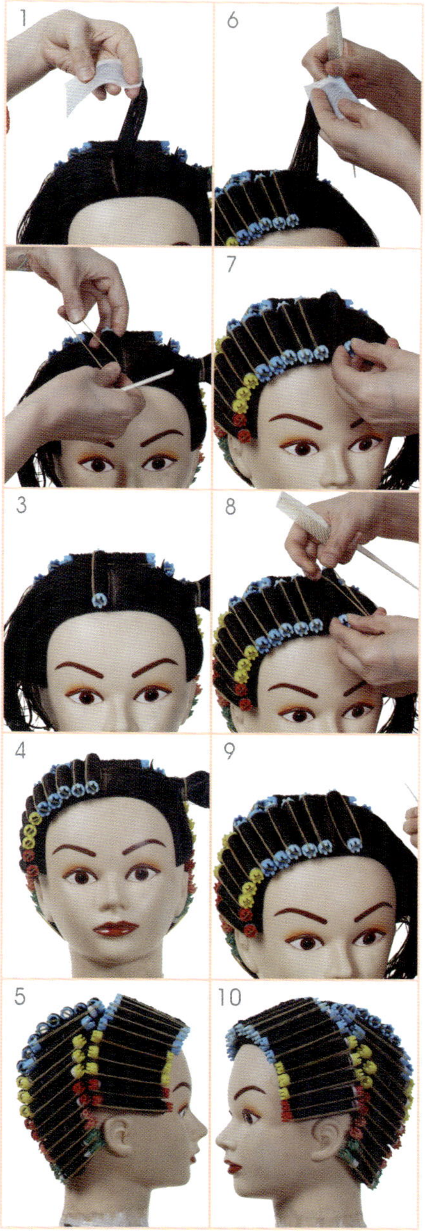

가르마에서 시작하여 6호(5개), 7호(3개), 8호(2개)를 와인딩한다.
반대쪽도 가르마에서 시작하여 6호(5개), 7호(3개), 8호(2개)를 와인딩한다.

4. 미용사 실기과제 5등분(왼쪽 가르마)

자격증목	미용사	작품명	퍼머넨트 와인딩	시험시간	35분

(1) 요구사항

① 5등분으로 블로킹 타서 시술하여야 한다.
② 고무밴드 처리는 11자형으로 시술하여야 한다.
③ 롯드는 55개 이상, 두상에 알맞은 규격 롯드를 적절하게 배치하여야 한다.
④ 와인딩 된 롯드는 두피의 각도, 빗질, 텐션에 맞추어서 시술한 후 전체적인 롯드의 조화미가 있어야 한다.
⑤ 시술순서를 지켜야 한다.

(2) 배점

블로킹	와인딩 순서 및 로드배치	슬라이스	각도, 텐션 및 고무줄 밴딩상태	조화미	계
5점	5점	5점	5점	5점	25점 (합격점 15점 이상)

(3) 5등분 순서 및 시술요령

① 꼭지점이 생기지 않게 한다.
② 중심에서 오른쪽으로 3.5 cm 방향으로 간 다음 오른쪽 사이드부터 먼저 묶는다.
③ 첫 슬라이스양은 0.5 mm~0.7 mm로 하고 120° 와인딩한다.
④ 마네킹과의 거리는 30 cm를 유지하며 허리는 구부리지 않고 한발을 앞으로 내밀고 자세로 몸을 낮추어 시술한다.
⑤ 꼬리빗은 블로킹을 처음 시작할때부터 완성될때까지 내려 놓지 않는다.

(4) 블로킹 나누는 방법과 와인딩 순서

① 블로킹 순서

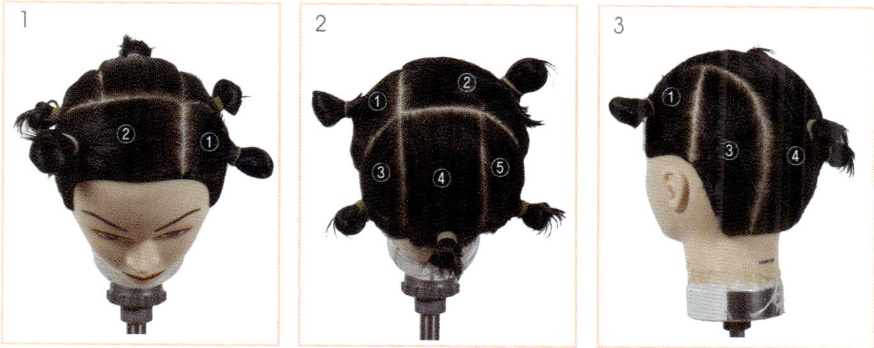

② 와인딩 순서

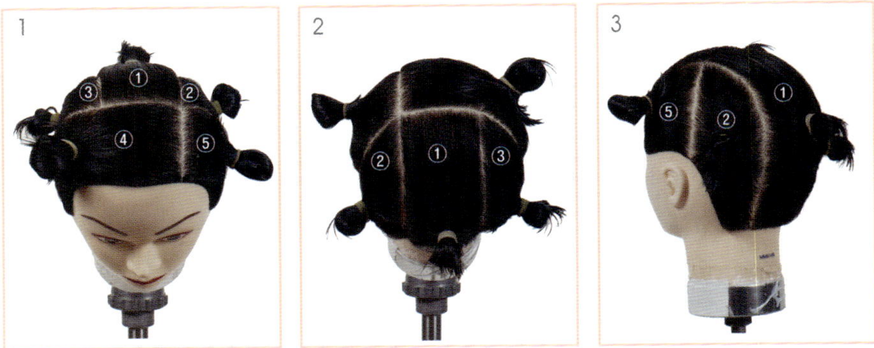

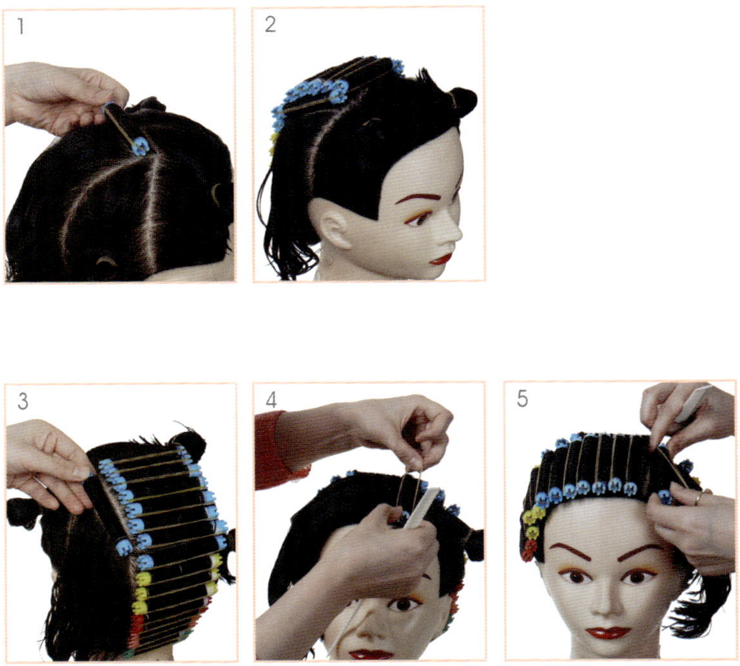

(5) 5등분(왼쪽 가르마) 완성작품

블로킹은 왼쪽 가르마로 5등분으로 나눈 후 로드(Rod)는 55개 이상으로 사용하되 머리 전체에 알맞은 규격의 로드를 각 부위에 적절히 배치해야 한다. 꼭지점이 생기지 않게 시술하며 두피와의 각도 및 텐션에 무리가 없도록 하여 완성된 작품이다.

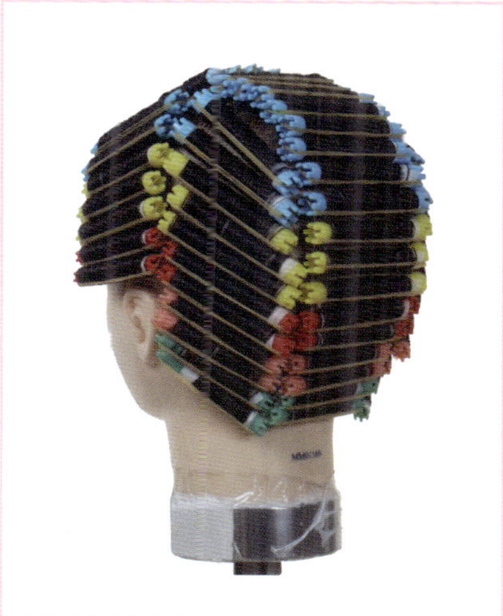

(6) 시술방법

① 5등분(네이프 – 중앙)

1
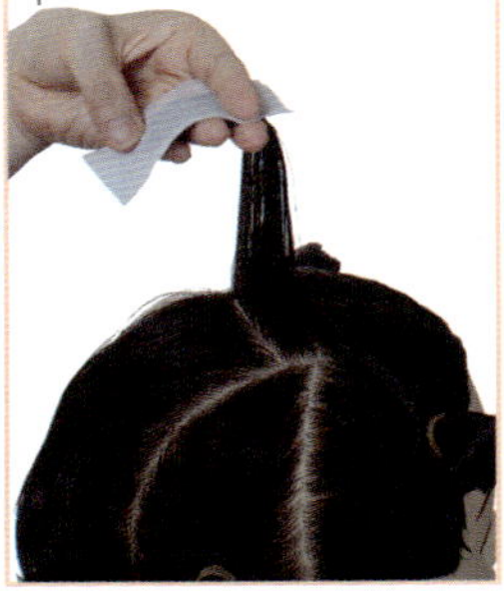
2
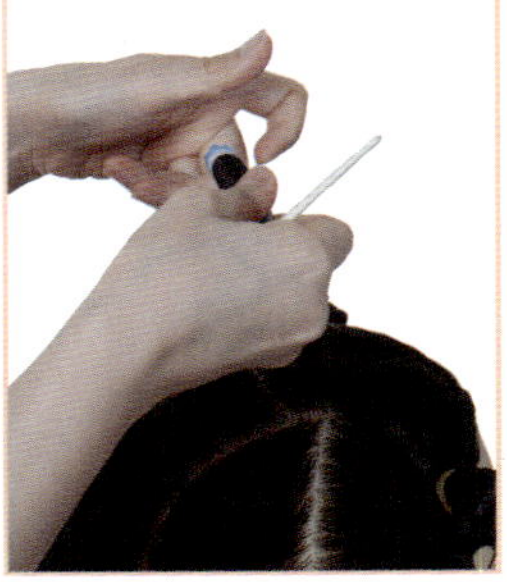
3
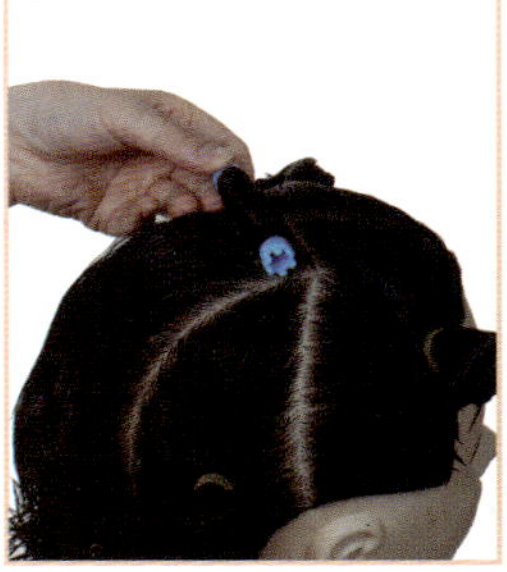
4
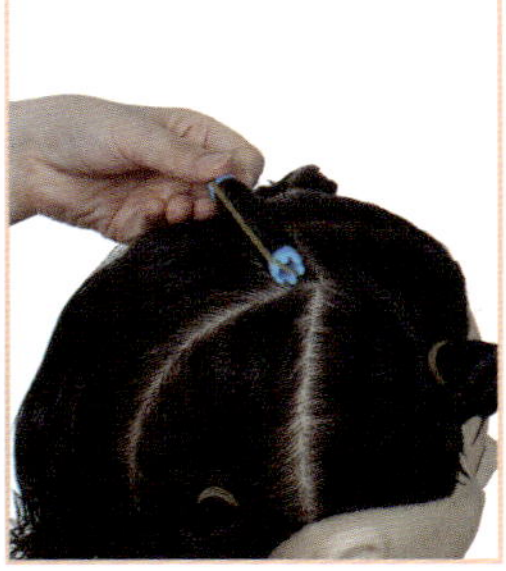
5
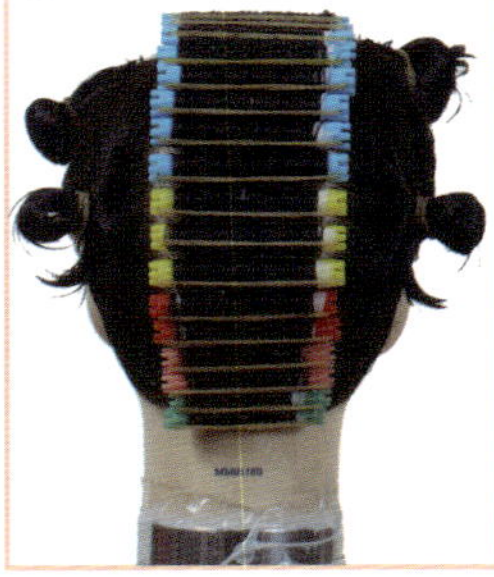

①~⑤ 중앙에서 아래로 내려오면서 6호(8개), 7호(3개), 8호(2개), 9호(2개)에 맞추어 와인딩한다.

② 5등분(사이드)

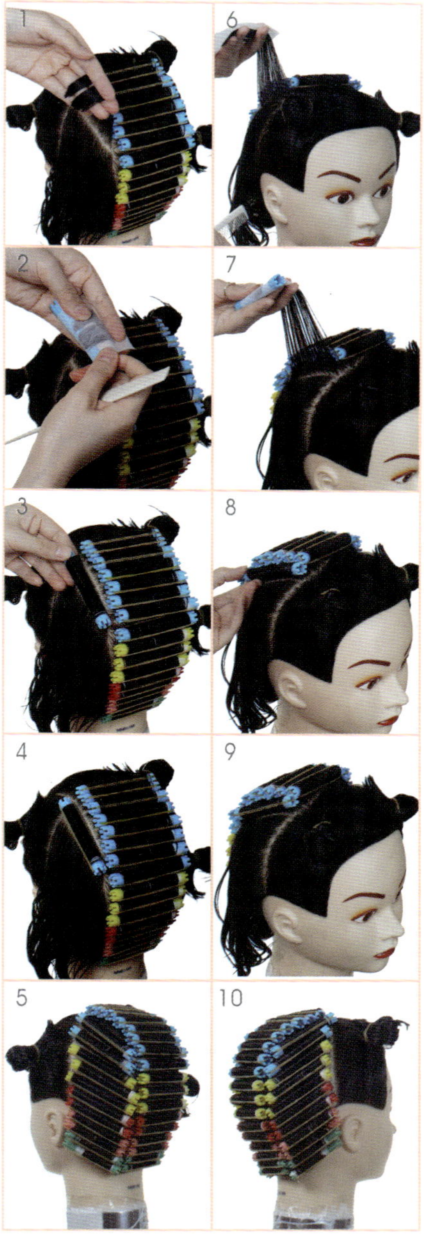

위에서 아래로 내려오면서 6호(2개), 7호(3개), 8호(2개), 9호(2개), 10호(2개)에 맞추어 와인딩한다.
반대쪽도 위에서 아래로 내려오면서 6호(2개), 7호(3개), 8호(2개), 9호(2개), 10호(2개)에 맞추어 와인딩한다.

③ 5등분(앞면)

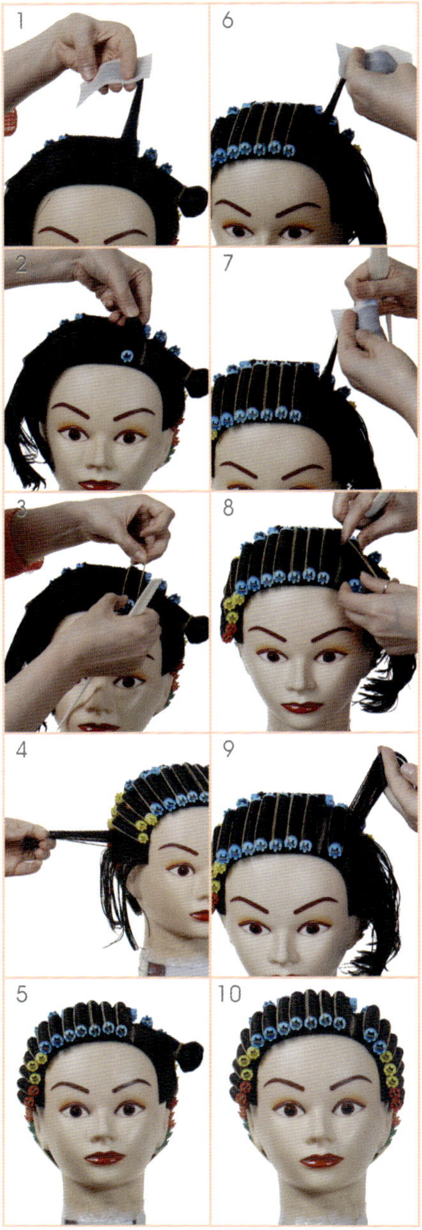

가르마의 첫 슬라이스의 양은 0.5 mm~0.7 mm 정도로 뜨고 가르마에서 시작하여 6호(8개), 7호(3개), 8호(2개)에 맞추어 와인딩한다.
적은양의 반대쪽은 6호(2개), 7호(3개), 8호(2개)로 와인딩한다.

5. 미용사 실기과제 5등분(오른쪽 가르마)

자격증목	미용사	작품명	퍼머넨트 와인딩	시험시간	35분

(1) 요구사항

① 5등분으로 블로킹 타서 시술하여야 한다.

② 고무밴드 처리는 11자형으로 시술하여야 한다.

③ 롯드는 55개 이상, 두상에 알맞은 규격 롯드를 적절하게 배치하여야 한다.

④ 와인딩 된 롯드는 두피의 각도, 빗질, 텐션에 맞추어서 시술한 후 전체적인 롯드의 조화미가 있어야 한다.

⑤ 시술순서를 지켜야 한다.

(2) 배점

블로킹	와인딩 순서 및 로드배치	슬라이스	각도, 텐션 및 고무줄 밴딩상태	조화미	계
5점	5점	5점	5점	5점	25점 (합격점 15점 이상)

(3) 5등분 순서 및 시술요령

① 꼭지점이 생기지 않게 한다.

② 중심에서 오른쪽으로 3.5 cm 방향으로 간 다음 왼쪽 사이드부터 먼저 묶는다.

③ 첫 슬라이스양은 0.5 mm~0.7 mm로 하고 120° 와인딩한다.

④ 마네킹과의 거리는 30 cm를 유지하며 허리는 구부리지 않고 한발을 앞으로 내밀고 자세로 몸을 낮추어 시술한다.

⑤ 꼬리빗은 블로킹을 처음 시작할때부터 완성될때까지 내려 놓지 않는다.

(4) 블로킹 나누는 방법과 와인딩 방법

① 블로킹 순서

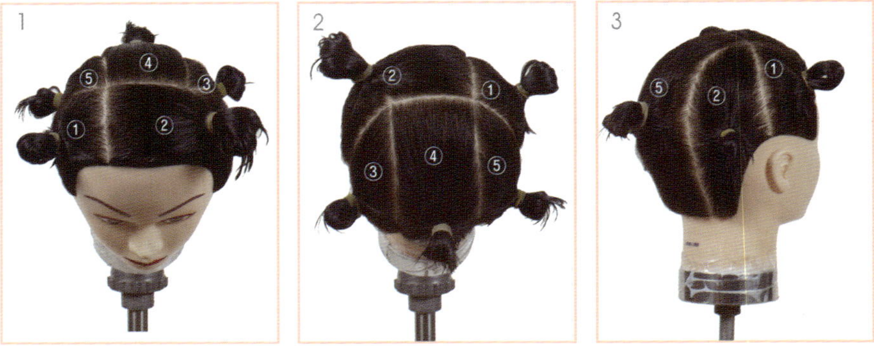

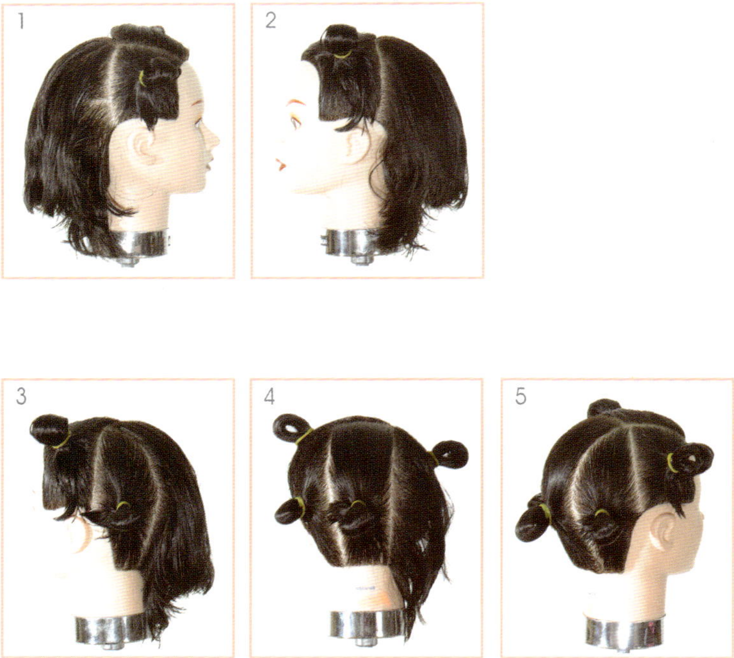

① 와인딩 순서

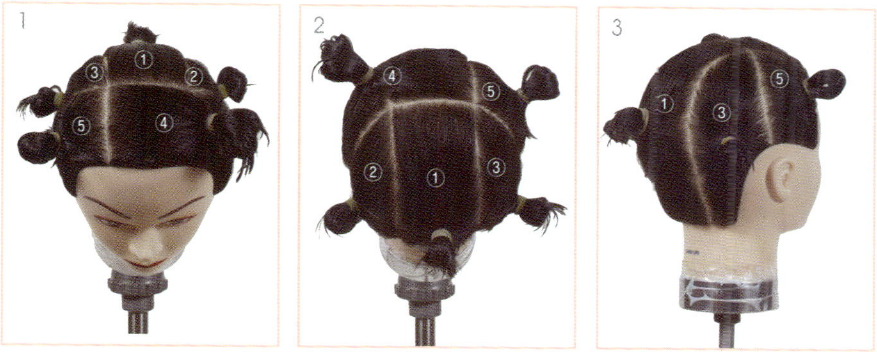

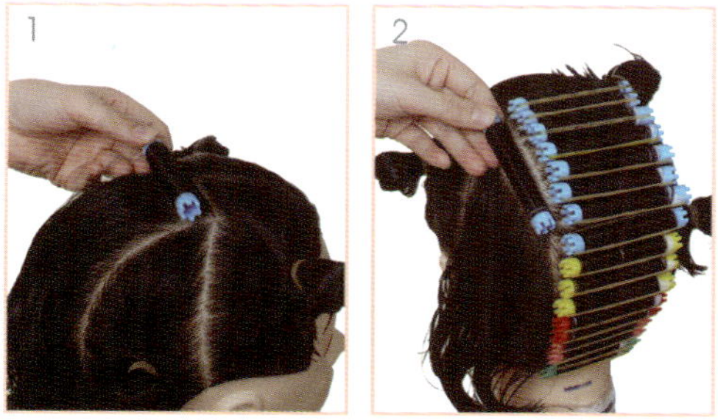

(5) 5등분(오른쪽 가르마) 완성작품

블로킹은 오른쪽 가르마로 5등분으로 나눈 후 로드(Rod)는 55개 이상으로 사용하되 머리전체에 알맞은 규격의 로드를 각 부위에 적절히 배치해야 하고, 전체적인 작품순서를 지키면서 두피와의 각도 및 텐션에 무리가 없도록 하여 완성된 작품이다.

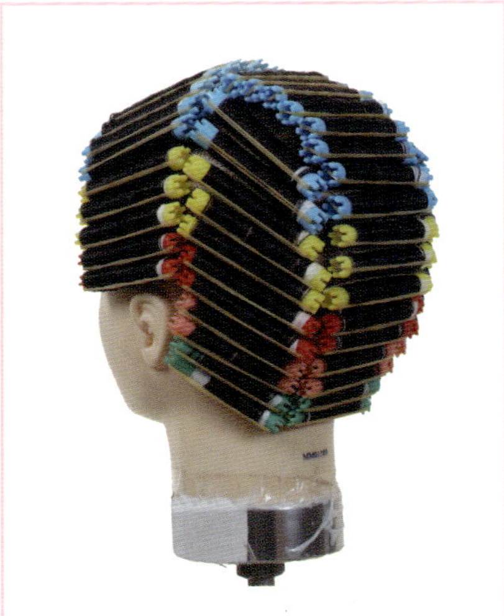

(6) 시술방법

① 5등분(네이프 – 중앙)

1

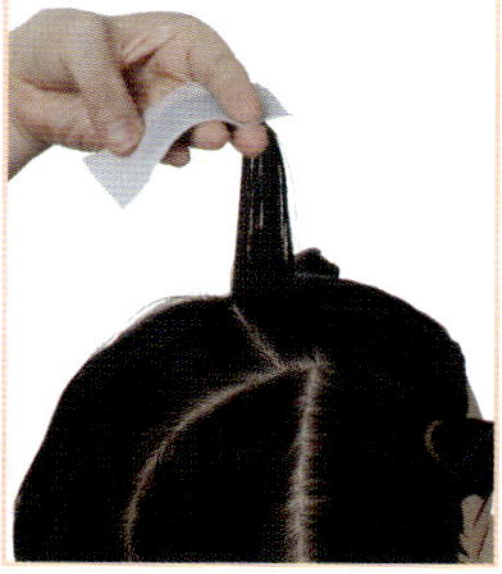

2

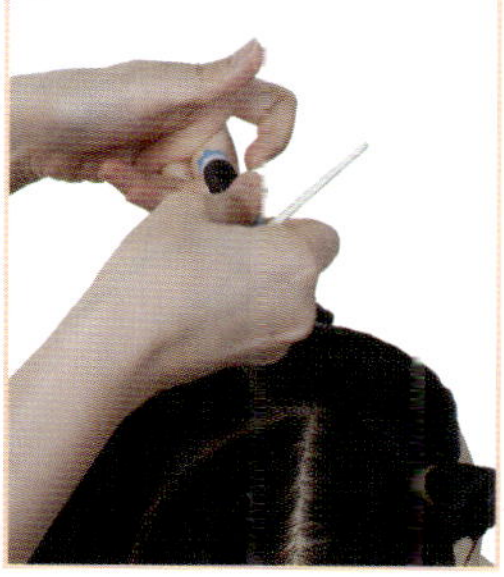

3

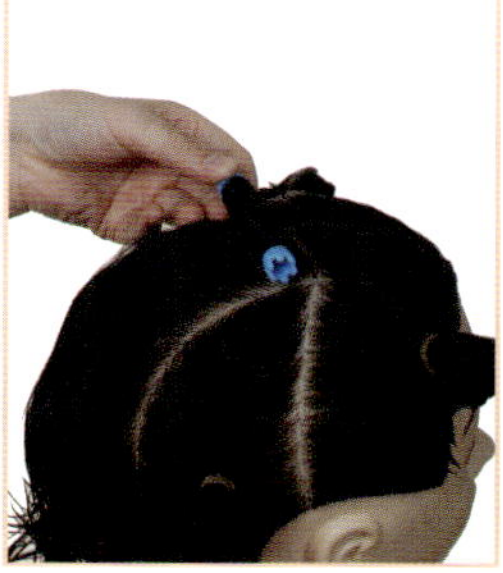

4

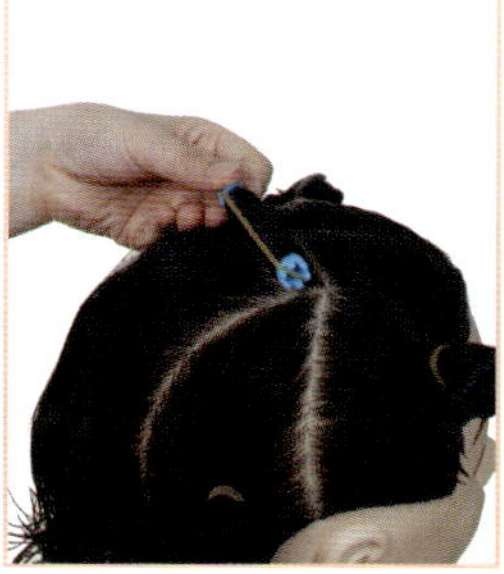

5

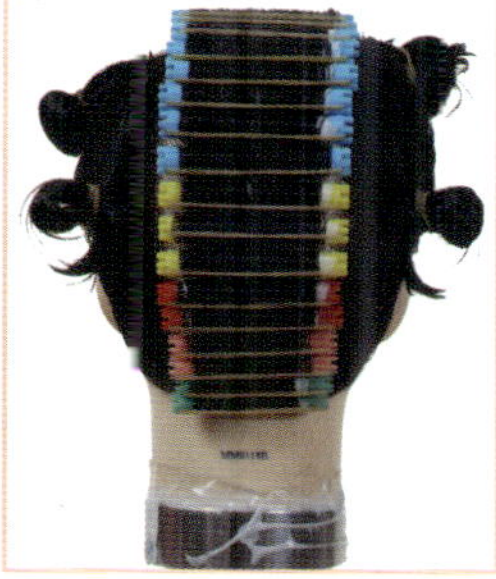

①~⑤ 중앙에서 아래로 내려오면서 6호(8개), 7호(3거), 8호(3개), 9호(2개), 10호(2개)에 와인딩한다.

② 5등분(네이프 – 사이드)

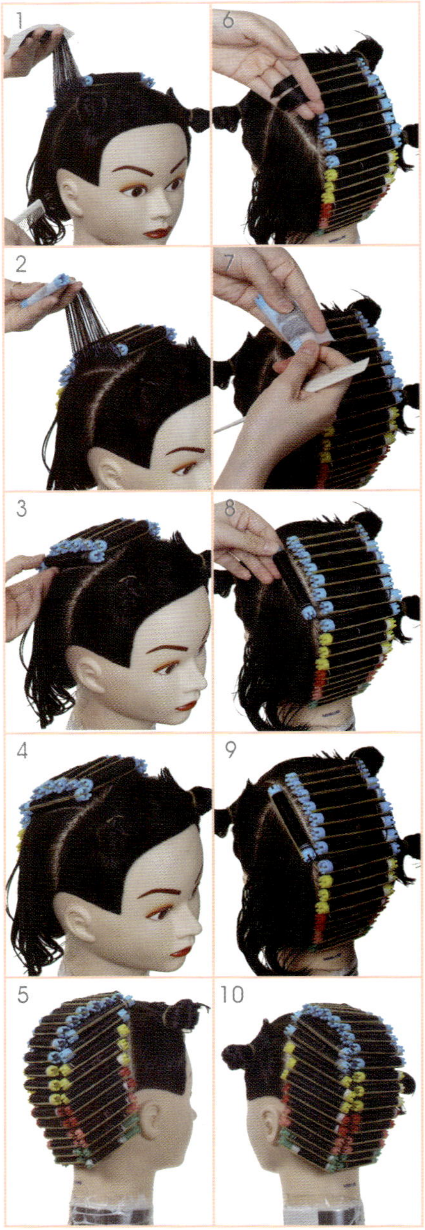

위에서 아래로 내려오면서 6호(2개), 7호(3개), 8호(2개), 9호(2개), 10호(2개)에 맞추어 와인딩 한다.

③ 5등분(앞면)

①~⑦ 6호(8개), 7호(3개), 8호(3개)에 맞추어서 와인딩한다.
⑧~⑫ 반대쪽은 6호(2개), 7호(3개), 8호(3개)에 맞추어서 와인딩한다.

4

세트롤

1. 미용사 세트롤 실기과제 배점표

1.세트롤 채점기준 및 배점(그라세팅)

평가기준	요구사항	배점	비교 (점수를 적게 주거나 많이 줄 때 이유)
(1) 기본자세 및 블로킹	• 몸의 자세, 물축이기, 빗질 • 와인딩 방법 및 순서	2점	
(2) 롤의 배치각도 및 방향	• 롤의 배치각도 • 롤의 방향과 롤의 개수	4점	
(3) 롤의 탄력성	• 와인딩한 롤이 머리카락이 빠져 나오거나 흐트러지지 않기 • 롤은 탄력성있게 고정되어야 하며 고정핀의 자국이 생기지 않도록 한다.	4점	
(4) 전체 조화미	• 롤컬과 핀컬의 연결설 • 핀컬의 배열 및 마는 방향	5점	
(5) 핀컬 작업의 숙련도	• 핀컬의 기법 및 핀의 고정법 • 핀컬의 폭 4~5 cm 유지	5점	
(6) 롤컬과 핀컬의 조화	• 두부의 2/3는 롤컬, 1/3은 핀컬 • 핀컬을 상단 7개, 하단 5개로 시술 • 롤컬의 시술갯수는 20개 이상	5점	

(1) 기본자세 및 숙련도

* 배점적용 (2점)

· 위 2가지 사항 모두 알맞은 수준일 때: 2점

· 위 2가지 사항중 어느 하나가 부족한 수준일때: 1점

· 위 2가지 사항 모두 미숙한 수준일 때: 0점

(2) 롤의 배치각도 및 방향

＊ 배점적용(4점)

1) 로울러의 배치상태(2점)

· 들쑥날쑥한 로울러의 개수가 1개 이하일 때: 2점

· 들쑥날쑥한 로울러의 개수가 2개 이상일 때: 0점

2) 로울러의 배치 방향(2점)

· 배치된 로울러의 방향이 전두부, 두정부, 후두부에 있어서는 올백 스타일의 상태로 양측두부에서는 다른 부위와 조화를 이루고 통일성을 가질 때: 2점

· 배치된 로울러의 방향이 두부의 어느 부위든 2부분 이상 잘못 되엇을 때: 0점

(3) 롤의 탄력성

＊ 배점적용(4점)

1) 로울러에 와인딩한 두발 상태(2점)

· 머리카락이 빠져나왔거나 흐트러진 컬이 전혀 없을 때: 2점

· 머리카락이 빠져나왔거나 흐트러진 컬이 1개 이상일 때: 0점

(4) 핀컬의 방향 및 배열

＊ 배점적용(5점)

· 좌 · 우 · 상 · 하 연결이 잘못 되었거나 방향이 맞지 않을 때: 0점

· 롤컬에서의 연결이 고르지 못하고 불안정할 때: 1점

· 롤컬에서의 연결, 핀컬의 배열, 마는 방향이 부분적으로 미숙한 수준일 때: 2점

· 롤컬에서의 연결, 핀컬의 배열, 마는 방향, 컬의 형을 바르게 시술할 때: 3점

· 롤컬에서의 연결, 핀컬의 배열, 마는 방향, 컬의 형이 알맞고 자연스럽게 표현될 때: 4점

· 위 사항이 모두 우수한 수준일 때: 5점

(5) 핀컬 작업의 숙련도

＊ 배점적용(5점)

· 한개의 커얼을 풀어보아서 말아진 상태를 보고 탈지면으로 머리를 감싸는 과정에서부터 핀의 고정상태에 이르기까지 기법이 미숙하여 손님의 머리에 핀자국을 남기는 경우가 될 때: 1점

· 커얼의 겹치는 방향은 바르나 핀 꽂는 위치가 일정하지 못할 때: 2점

· 커얼의 각도유지, 겹치는 방향, 핀 꽂는 위치가 모두 바르고 정확할 때: 4점
· 커얼의 각조유지, 겹치는 방향, 핀 꽂는 위치등이 도두 정확하고 동작이 자연스럽고 민첩할 때: 5점

(6) 롤컬과 핀컬의 조화

＊ 배점적용(5점)

· 두부시술부위, 핀컬의 커얼갯수 중 어느 하나라도 요구사항에 어긋날 때: 0점
· 먼저 시술한 롤컬이 1개라도 탈락되었을 때: 1점
· 롤컬에 사용된 롤컬의 크기가 모두 일정할 때: 2점
· 두부부위에 다른 롤컬의 크기의 구분, 로울러의 탄력성, 비치방향, 핀컬의 각도유지, 겹치는 방향 등이 상호 무리가 없는 수준일 때: 3점
· 롤컬의 크기 구분, 로울러의 배치방향이 적정하고 핀컬의 크기, 모양, 배열과 조화를 이루는 수준일 때: 4점
· 상기한 사항이 모두 우수한 수준일 때: 5점

미용사 자격 세트롤 실기과제 배점표

2. 세트롤 채점기준 및 배점(올세팅)

평가기준	요구사항	배점	비교 (점수를 적게 주거나 많이 줄 때 이유)
(1) 기본자세 및 블로킹	· 몸의 자세 · 물축이기와 빗질 · 와인딩 순서와 와인딩하기 위한 블로킹 시술	2	
(2) 롤의 배치각도 및 방향	· 롤의 부위에 따라 120°, 90°, 45° 와인딩 · 롤은 들쑥날쑥하지 않도록 와인딩 · 배치된 롤의 방향은 부위에 따라 알맞게 한다.	4	
(3) 롤의 탄력성	· 와인딩한 롤이 머리카락이 흐트러지지 않게한다. · 롤은 탄력성있게 고정되어야 한다. · 롤에 고정한 핀의 자국이 생기지 않게 한다.	4	
(4) 전체 조화미	· 롤의 간격이 일정하고 조화를 이루어야 한다. · 시술한 롤의 개수는 30개 이상이어야 한다. · 롤의 크기를 두부부위에 따라 배치한다.	2	

(1) 기본자세 및 블로킹

＊ 배점적용(4점)

· 몸의 자세와 물축이기가 알맞을 때: 1점

· 몸의 자세, 물축이기, 빗질의 3가지가 알맞을 때: 2점

· 몸의 자세, 물축이기, 빗질, 와인딩방법이 알맞을 때: 3점

· 몸의 자세, 물축이기, 빗질, 와인딩방법, 와인딩순서 모두가 바를 때: 4점

(2) 롤의 배치각도 및 방향

* 배점적용(7점)

1) 두부 부위별 와인딩 각도에 따른 와인딩 상태(4점)
   · 로울러의 배치각도에 따라 들쑥날쑥한 로울러의 개수가 1개 이하일 때: 4점
   · 로울러의 배치각도에 따라 들쑥날쑥한 로울러의 개수가 2개 일 때: 3점
   · 로울러의 배치각도에 따라 들쑥날쑥한 로울러의 개수가 3개 일 때: 2점
   · 로울러의 배치각도에 따라 들쑥날쑥한 로울러의 개수가 4개 이상일 때: 1점
2) 로울러의 방향과 통일성(3점)
   · 배치된 로울러의 방향이 전두부, 두정부, 후두부에 있어서는 올백 스타일의 상태로, 양측 두부에서는 다른 부위와 조화를 이루고 통일성을 갖드록 하였을 때: 3점
   · 배치된 로울러의 방향이 두부의 어느 부위든 1부분에 한하여 조화 및 통일성이 결여되었을 때: 2점
   · 배치된 로울러 방향이 2부분만 잘못되었을 때: 1점
   · 배치된 로울러가 전체적으로 방향과 통일성이 결여되었거나, 또는 문제의 요구조건에 부합되지 않을 때: 0점

(3) 롤의 탄력성

* 배점적용(8점)

1) 로울러에 와인딩한 두발상태(3점)
   · 감겨진 로울러에 머리카락이 빠져나왔거나 흐트러진 컬이 전혀 없을 때: 3점
   · 감겨진 로울러에 머리카락이 빠져나왔거나 흐트러진 컬이 1개일 때: 2점
   · 감겨진 로울러에 머리카락이 빠져나왔거나 흐트러진 컬이 2개 이상일 때: 1점
   · 로울러에 두발을 와인딩할 수 없는 여분의 두발이 남겨져 있을 때: 0점
2) 고정된 로울러의 탄력성(3점)
   · 로울러 컬의 탄력성이 모두 양호할 때: 3점
   · 탄력성이 없는 로울러 컬 개수가 1개일 때: 2점
   · 탄력성이 없는 로울러 컬 개수가 2개 이상일 때: 1점
3) 고정핀의 상태(2점)
   · 로울러를 3개이상 풀어보아 핀자국이 생기지 않았을 때: 2점
   · 핀자국이 1개 이상일 때: 0점

(4) 전체 조화미

＊ 배점적용(6점)

1) 배치된 로울러의 간격(조화)(2점)
   - 배치된 로울러의 배치간격이 일정하고 조호를 이루는 수준일 때: 2점
   - 배치된 로울러의 배치간격이 일부 불규칙하고 조화를 잘 이루지 못하는 수준일 때: 0점
2) 시술된 전체 로울러 개수(2점)
   - 시술한 로울러의 전체 개수가 30개 이상일 때: 2점
   - 시술한 로울러의 전체 개수가 30개 미만일 때: 0점
3) 로울러 크기 배열 상태(2점)
   - 로울러 크기의 두부부위 배열위치가 알맞을 때: 2점
   - 로울러 크기의 두부부위 배열위치가 바르지 못할 때: 0점

1. 그라데이션 세팅 – 그라데이션 커트시에

자격증목	미용사	작품명	롤컬 또는 롤컷 및 핀컬	시험시간	35분

(1) 요구사항

- 블로킹 7등분으로 한다.
- 몸의 자세, 물축이기, 와인딩방법 순서를 바르게 한다.
- 롤컬의 탄력성을 갖는다.
- 핀컬의 방향 및 배열 - 롤컬에 연결시킴 (상단 7개. 하단 5개)
- 두부의 2/3는 롤컬, 1/3은 핀컬로 조화미있게 완성한다.

(2) 배점

기본자세 및 숙련도	롤의 배치 각도 및 방향	롤의 탄력성	핀컬의 방향 및 배열	핀컬 작업의 숙련도	롤컬과 핀컬의 조화	계
2	4	4	5	5	5	25점 (합격점 15점 이상)

(3) 시술방법

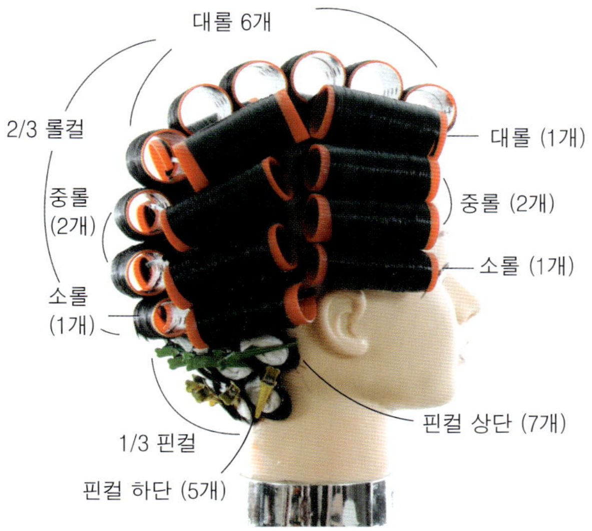

(4) 블로킹(Blocking)

- 시술하기 위하여 하나의 면을 구획하는 것으로 작품을 하기위한 기초작업이다.

① 블로킹 순서

② 와인딩 순서

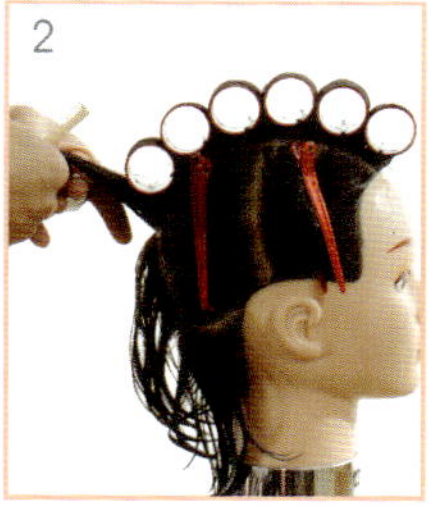

(5) 그라데이션 세팅-완성작품

2/3는 세트롤(중심부에 대롤 6개, 중롤 2개, 소롤 1개)로 1/3(윗단은 7개, 하단은 5개)은 핀컬로 전체적인 조화를 이루게 하여 완성된 작품.

(6) 시술방법

대롤 (6개가 와인딩 된 상태)

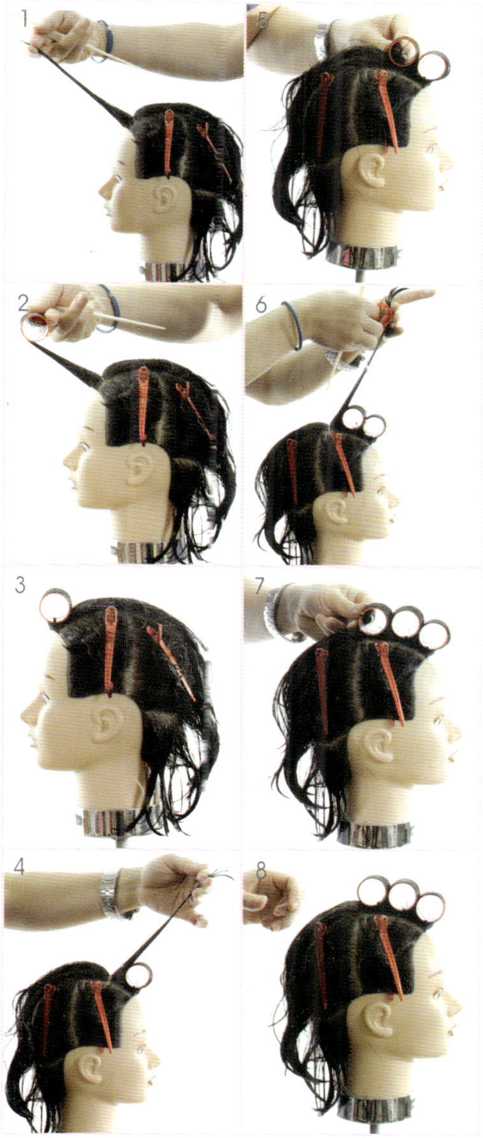

1. 1 cm 섹션을 떠서 120°로 빗질하여 시작한다.
2. 모발끝을 정리하여 넣어서 와인딩한다.
3. 롤컬을 핀으로 고정한다.

4, 5, 6, 7, 8.

곡면이 함몰된 상태를 그대로 유지하면서 대롤 3개를 와인딩해놓은 상태이다.

중심축에는 대롤(6개), 중롤(2개), 소롤(1개).

1. 롤의 크기만큼 슬라이스를 떠서 롤에 밀착하여 와인딩한다.
2~4. 중심부에는 대롤 6개, 중롤2개, 소롤1개를 와인딩한다.

사이드는 대롤(1개), 중롤(2개), 소롤(1개).

1~10.
사이드 부분은 대롤(1개), 중롤(2개), 소롤 (1개)를 맞추어서 와인딩한다.

두상의 2/3의 셋트롤을 와인딩한 상태.

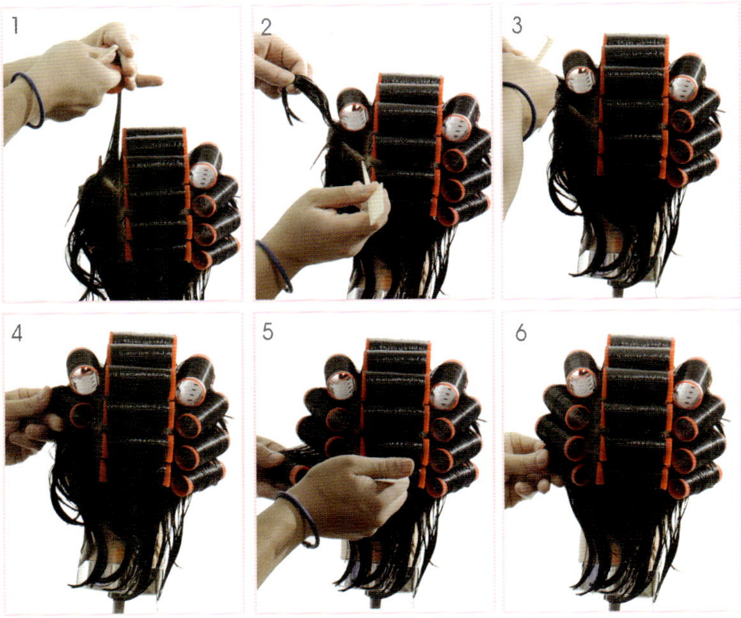

1, 2, 3, 4, 5, 6.
반대편 사이드도 대롤(1개), 중롤(2개), 소롤(1개)를 맞추어서 와인딩한다.

두상 2/3은 세트롤. 1/3은 핀컬로 와인딩된 상태.

1.핀컬을 하기위해 엄지로 속모발을 누른상태에서 판넬을 잡는다.
2. 핀컬핀을 고정한다.
3. 윗단은 핀컬을 7개 시술한다.
4. 아래단은 반대방향으로 핀컬의 방향을 잡는다.
5. 아래단 위의 2/3 영역에 윗단의 핀컬을 놓고 핀컬핀으로 처리한다.
6~10. 나머지 부분도 동일한 방법으로 시술한다.

2. 올세팅-이사도라, 스파니엘 커트시에

자격종목	미용사	작품명	롤컬 또는 롤컷 및 핀컬	시험시간	35분

(1) 요구사항

· 블로킹은 6등분으로 한다.
· 물축이기, 와인딩방법 순서를 지킨다.
· 롤배치를 두부위치에 맞추어서 한다(중심부 대롤 6개, 중롤 4개, 소롤 2개).
· 롤의 전체의 조화미를 이루게 한다.

(2) 배점

기본자세 및 블로킹	롤의 배치각도 및 방향	롤의 탄력성	전체의 조화미	계
4	7	8	6	25점 (합격점 15점 이상)

(3) 시술순서

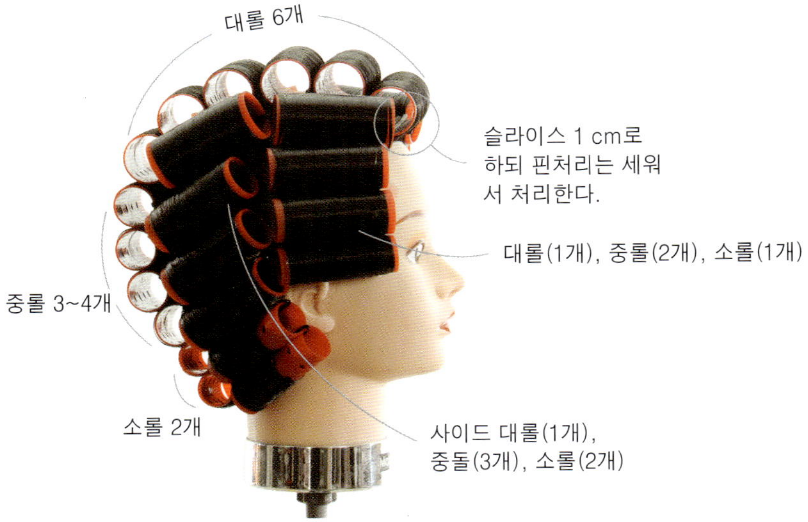

(4) 블로킹(Blocking)

- 시술하기 위하여 하나의 면을 구획하는 것으로 작품을 하기 위한 기초작업이다.

① 블로킹 순서

1

2

3

4

5

6

② 와인딩 순서

1

2

3

4

5

6

(5) 올세팅 – 완성작(스파니엘, 이사도라 커트시에)

중심부에 대롤 6개, 중롤 4개, 소롤 2개를 축으로 와인딩하고, 좌우를 여기에 맞추어 롤의 탄력성을 유지하며 전체적인 조화를 이루어지게 하여 완성된 작품.

(6) 시술방법

중심부 대롤 6개

1, 2.
1 cm섹션을 떠서 각도를 낮추어서 빗질하여 모발끝을 정리하여 넣어서 와인딩한다.
3. 롤컬을 핀고정하기 위해 고정한다.
4~10.
중심부에 대롤(6개), 중롤을 와인딩한다.

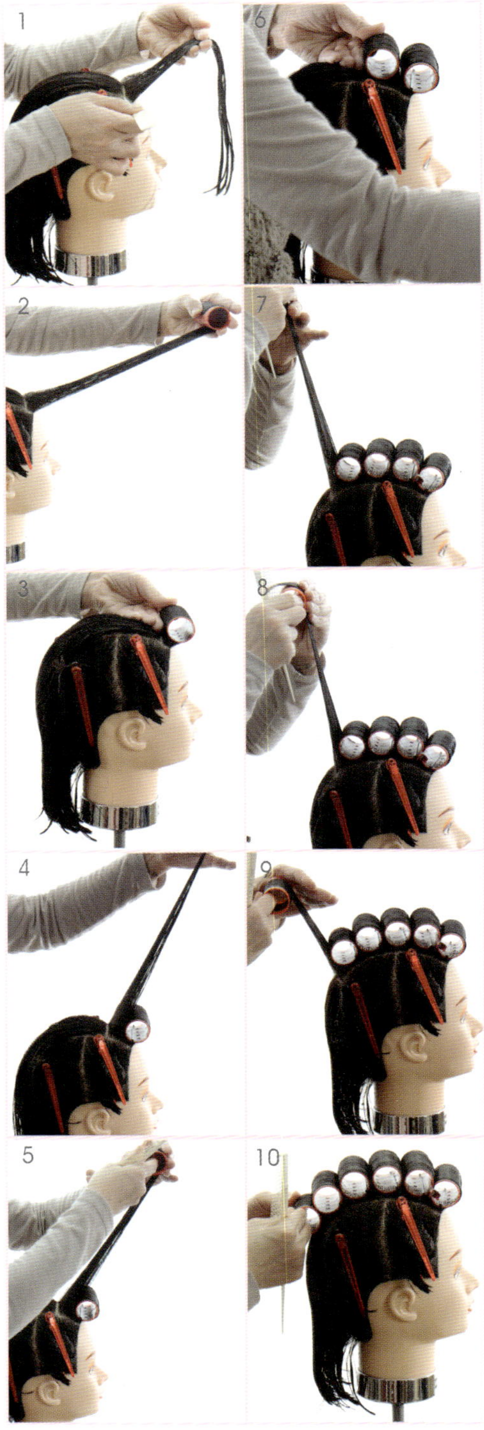

중심부에 대롤(6개), 중롤(4개), 소롤(2개)

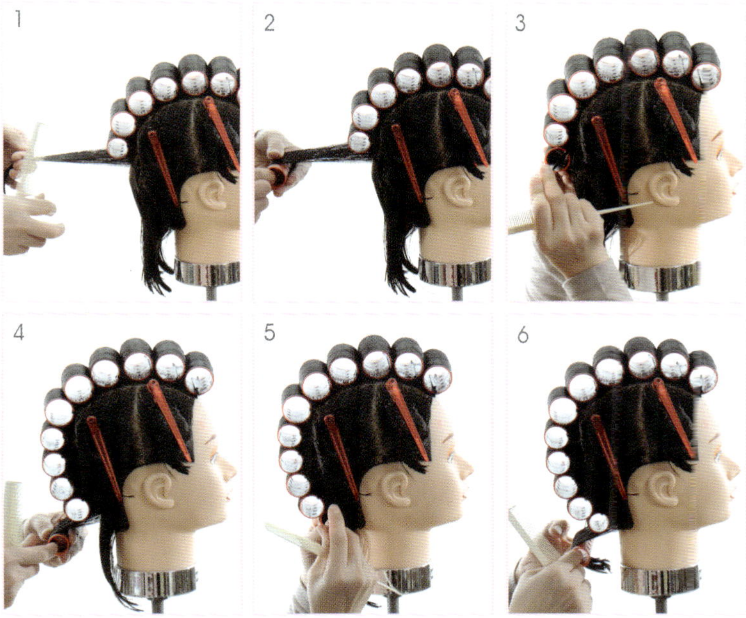

1~6.
중심부에 대롤(6개), 중롤(4개), 소롤(2개)를 내려오면서 와인딩한다.

사이드는 대롤(1개), 중롤(3개), 소롤(2개)

사이드 대롤(1개), 중롤(3개), 소롤(2개)

1~8.
사이드는 대롤(1개), 중롤(3개), 소롤(2개)를 사선으로 내려오면서 와인딩한다.

전체적인 셋트롤이 완성된 상태

1~10.
앞면 사이드는 대롤(1개), 중롤(2개), 소롤(1개)를 와인딩한다.

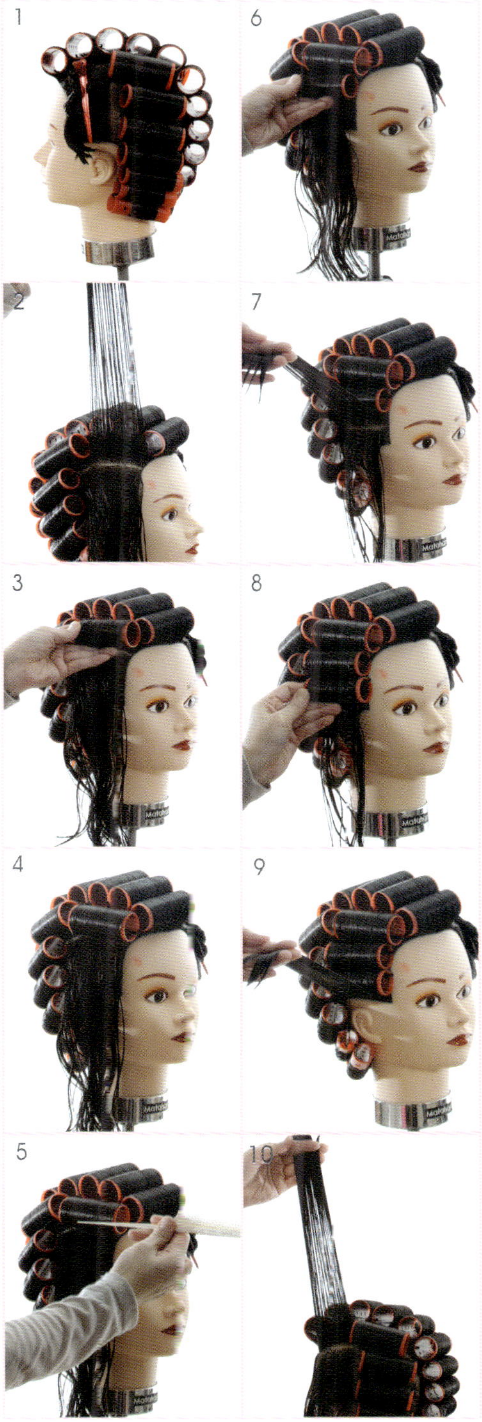

5

훵거웨이브

1. 휭거거웨이브(Finger Wave)

(1) 휭거웨이브란

손가락과 힘의 방향조절로 빗을 빗어가며 웨이브를 만드는 것을 말한다.

두피표면의 빗질방법과 손가락의 폭으로 웨이브폭을 만들며 연속동작으로 원하는 모양을 만든다.

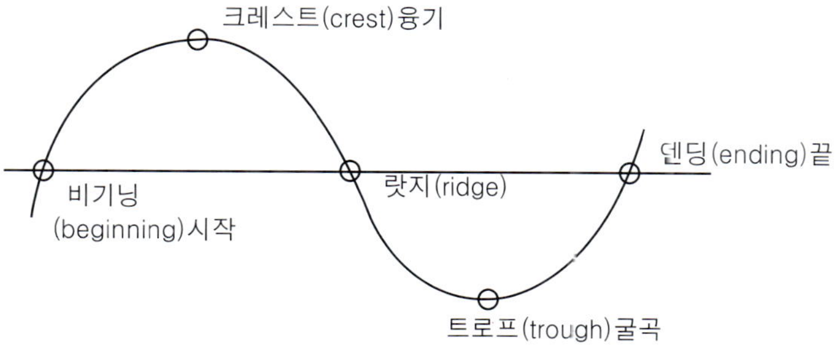

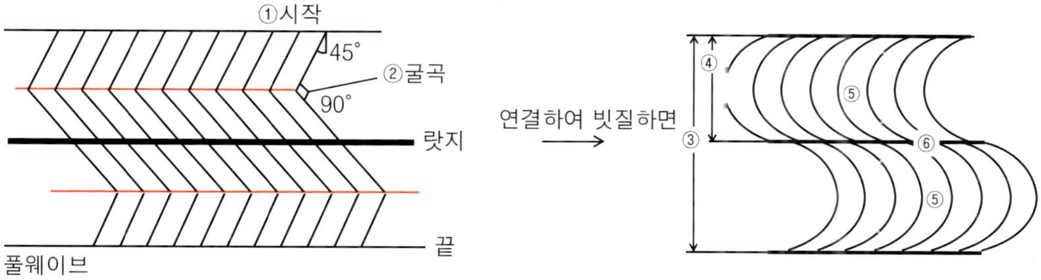

(2) 마는 방향에 의한 분류

좌, 우 기준

① C컬: 오른쪽 = 시계방향

② C.C컬: 왼쪽 = 시계반대방향

얼굴기준

① 포워드컬(forward curl) - 얼굴을 향하여 = 귀바퀴 방향

② 리버스컬(Reverse curl) - 그 반대방향 = 귀바퀴 반대방향

(3) 헝거웨이브 기본동작

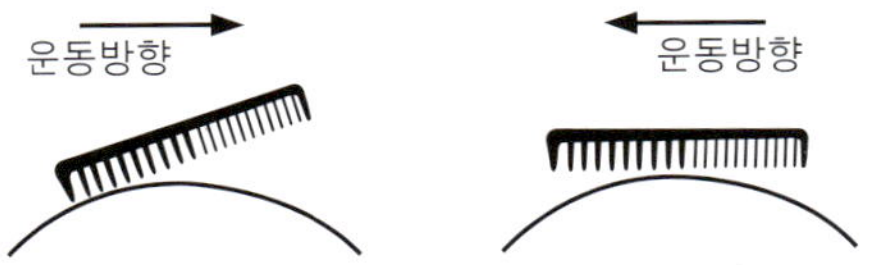

1, 2. 빗을 누이고 사선으로 빗질을 하여 손가락은 앞으로 밀고 빗은 뒤로 하여 모발을 정리한다.
3, 4. 모발을 반대쪽으로 밀어주고 릿지를 만든다.

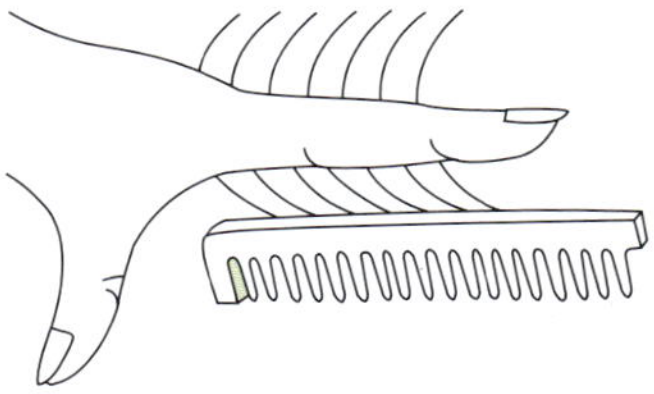

5. 반대쪽으로 빗질한다.

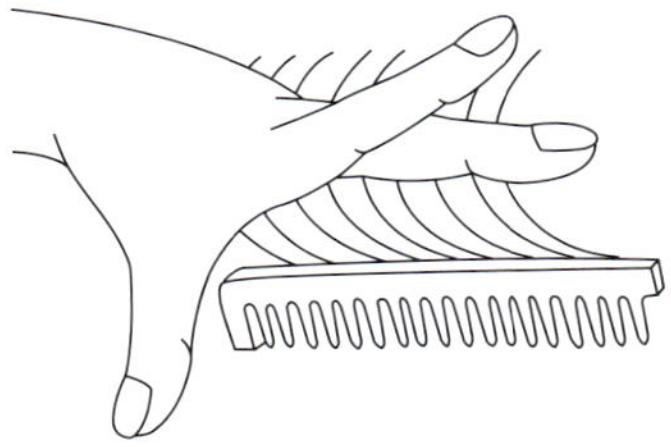

6. 릿지를 낸다. 손가락을 바꾸어 놓는다.

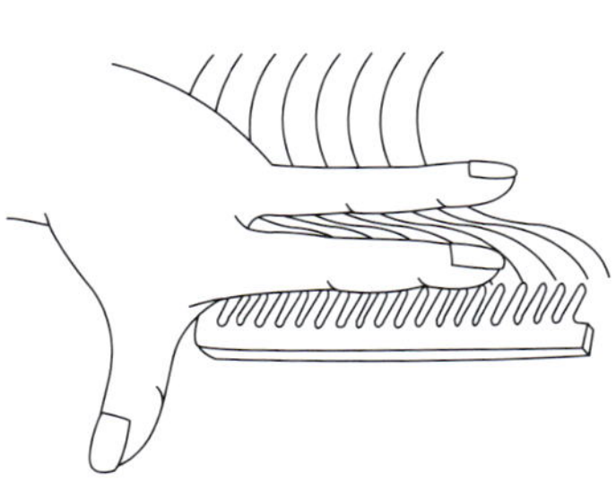

7~10. 빗을 누이고 릿지를 끼워 잡는다.

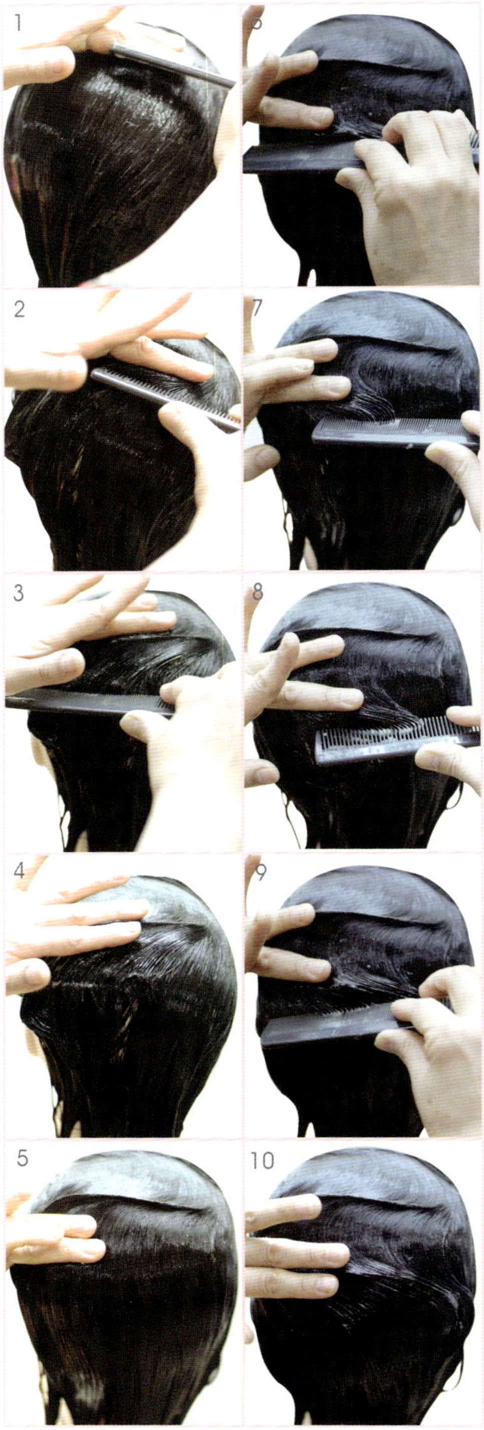

2. 미용사자격 힁거웨이브 실기과제 배점표

횡거웨이브 채점기준 및 배점

평가기준	요구사항	배점	비교 (점수를 적게 주거나 많이 줄 때 이유)
(1) 준비과정	• 복장과 정리정돈(타올준비, 신문지) • 세트로션의 농도와 양을 적당하게 조절 • 세트로션의 처리방법(세로션의 거품제거)	5점	
(2) 웨이브 기법	• 웨이브를 만드는 기법의 숙련도 • 웨이브의 폭, 릿지, 흐름을 요구사항에 맞추었는지 확인	5점	
(3) 핀컬의 방향 및 배열	• 핑거웨이브에서 연결시킴의 조화미 • 핀컬의 배열 및 마는 방향	5점	
(4) 핀컬의 숙련도	• 핀컬의 크기와 각도, 핀을 고정하는 방법 • 컬의 크기 약 4.5cm 유지	5점	
(5) 웨이브와 핀컬의 조화미	• 웨이브와 핀컬의 조화미 • 릿지와 흐름의 연결성	5점	

(1) 준비과정

＊ 배점적용 (5점)

· 세트로오숀의 농도 및 양이 적정하지 않아 처리액이 흘러내리는 수준일 때: 1점
· 세트로오숀의 농도는 적정하나 머리에 처리하는 세트액 양이 적정하지 못하며 세트로오숀의 처리가 곤란한 수준일 때: 2점
· 세트로오숀의 농도, 처리량이 적정하나 빗질과정 세트액 처리기법에서 세트로오숀 거품제거가 일부 미숙한 수준일 때: 3점
· 상기한 사항이 모두 무난히 시술되는 수준일 때: 4점
· 상기한 사항을 적정하게 시술하면서 연속된 동작이 숙련된 수준일 때: 5점

(2) 웨이브기법

· 웨이브의 리지가 4단이 되지 않거나 또는 웨이브의 폭에 두발이 갈라질 때: 1점
· 웨이브의 리지가 4단이나 리지가 선명하지 않을 때: 2점
· 웨이브의 리지가 4단이고 선명하며 두발이 갈라지지는 않았으나 웨이브의 연결이 고르지 못할 때: 3점
· 웨이브의 리지 4단, 리지선명, 두발이 갈라지지않고 웨이브의 연결이 무난한 수준일 때: 4점
· 웨이브의 리지 4단, 리지선명, 두발이 갈라지지 않고 웨이브 연결의 흐름이 잘 처리 되었을 때: 5점

(3) 핀컬의 방향 및 배열

∗ 배점적용 (5점)

· 좌우 상하 연결이 잘못 되었거나 방향이 맞지 않을 때: 0점
· 횡거웨이브에서 연결이 고르지 못할 때: 1점
· 횡거웨이브에서의 연결 및 핀컬의 배열 및 마는 방향이 일부 잘못 되거나 미숙한 수준일 때: 2점
· 횡거웨이브에서의 연결 및 핀컬의 배열과 마는 방향이 무리함이 없는 수준일 때: 3점
· 횡거웨이브에서의 연결 및 핀컬의 배열과 마는 방향이 바르고 자연스럽게 표현할 때: 4점
· 횡거웨이브에서의 연결이 부드러우며 핀컬의 배열과 마는 방향이 정확하고 조화미를 이루는 수준일 때: 5점

(4) 핀컬의 숙련도

∗ 배점적용 (5점)

· 한개의 커얼을 풀어보아서 말아진 상태를 보고 탈지면으로 머리를 감싸는 과정에서부터 핀의 고정상태에 이르기까지 기법이 미숙하여 손님의 머리에 핀자국을 남기는 경우가 될 때: 1점
· 커얼의 겹치는 방향은 바르나 핀 꽂는 위치가 일정하지 못할 때: 2점
· 커얼의 겹치는 방향, 핀 꽂는 위치가 일정할 때: 3점
· 커얼의 각도유지, 겹치는 방향, 핀 꽂는 위치가 모두 바르고 정확할 때: 4점
· 커얼의 각도유지, 겹치는 방향, 핀 꽂는 방향, 핀 꽂는 위치 등이 모두 정확하고 동작이 자연스럽고 민첩할 때: 5점

(5) 웨이브와 핀컬의 조화미

*** 배점적용 (5점)**

· 리지가 4단이 아닐 때, 또는 웨이브와 커얼의 조화가 이루어져 있지 않을 때, 또는 커얼의 형이 틀렸을 때: 0점

· 웨이브의 폭에 두발이 갈라졌을 때: 1점

· 웨이브와 커얼의 조화가 일부 불안하고 웨이브에 두발이 갈라져 있지 않은 상태: 2점

· 리지가 선명하여 커얼의 폭이 비교적 일정할 때: 3점

· 리지가 선명하여 커얼의 폭이 전체적으로 정확할 대: 4점

· 웨이브와 커얼의 조화가 매우 자연스럽고 리지가 뚜렷하며 커얼의 폭과 배열이 정확하고 수려할 때: 5점

1. 미용사 실기과제(횡거웨이브-왼쪽)

자격종목	미용사	작품명	횡거웨이브	시험시간	35분

(1) 요구사항

· 세트로션 농도 및 양조절을 하여 준비한다.
· 모발처리 및 빗질하여 거품제거를 한다.
· 웨이브폭은 약 4.5 cm로 하여 웨이브 릿지는 4단을 선명하게 만든다.
· 웨이브폭이 갈라지지 않게 한다.
· 핀컬은 위단 7개, 아랫단 5개로 마는 방향과 횡거웨이브와 연결이 잘 되어야 한다.
· 왼쪽 가르마로 시작한다.

(2) 배점

준비과정	웨이브기법	핀컬의 방향 및 배열	핀컬의 숙련도	웨이브와 핀컬의 조화미	계
5점	5점	5점	5점	5점	25점 (합격점 15점 이상)

(3) 시술방법

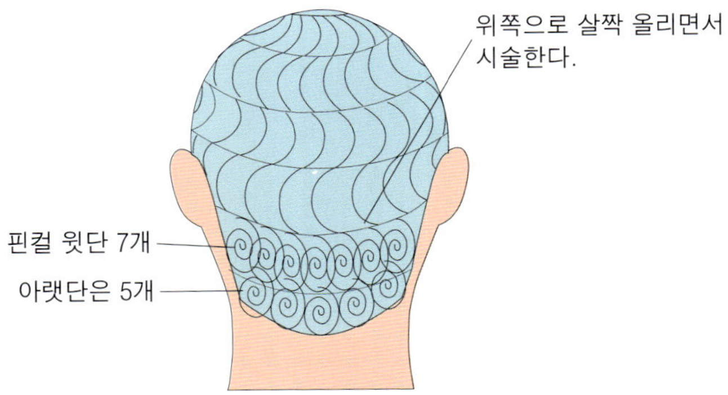

(4) 횡거웨이브(왼쪽) 완성작품

왼쪽 가르마로 시작하고 웨이브폭은 약 4.5 cm로 웨이브의 릿지(4단)가 선명해야 하며 웨이브폭이 갈라지지 말아야 한다. 핀컬은 위단은 7개 아랫단은 5개로 웨이크와 핀컬의 조화가 이루어지게 시술한 작품.

1

2

3

(5) 시술방법

1. 가르마를 나누고 제1선의 헤어쉐이빙을 시술한다.
2~4. 큰 원부터 시작하여 작은 원을 만들고, 릿지를 내는 곳에 다시 빗질을 하여 흐름을 만든다.

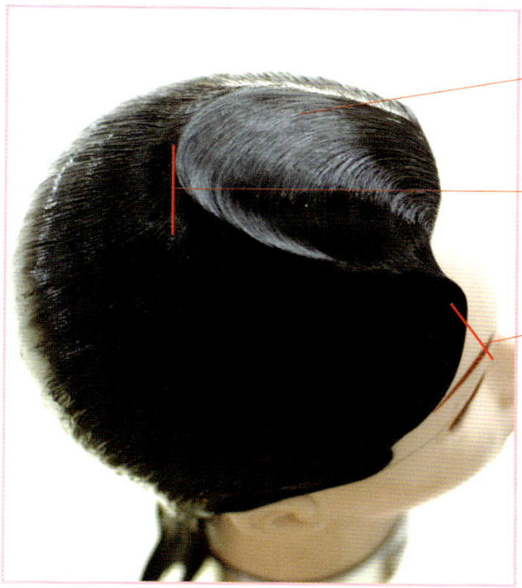

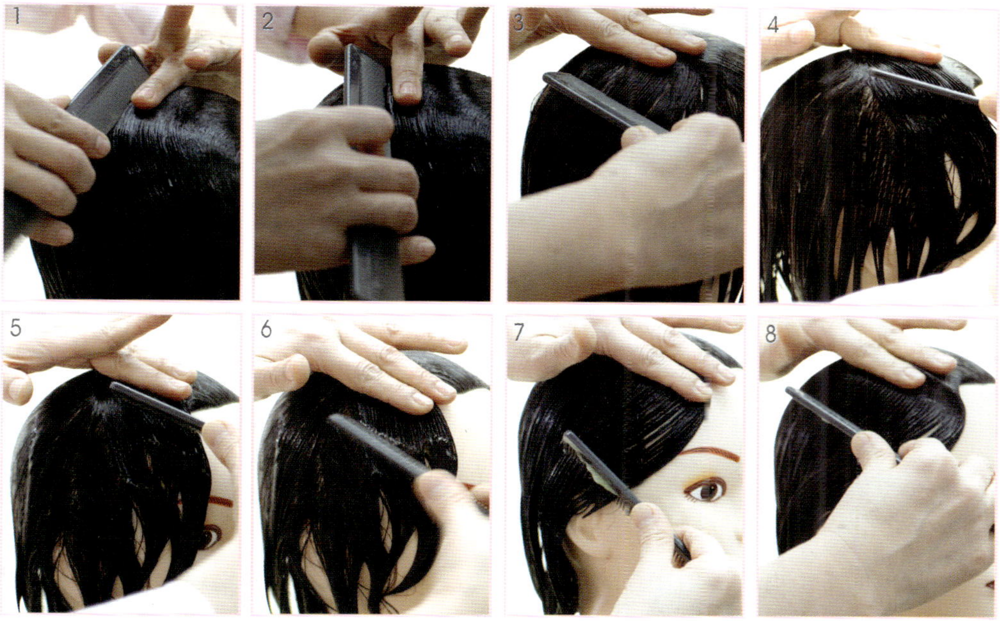

1.2. 릿지라인의 원의 중심에서 빗을 누르고 모발을 앞쪽으로 보내면서 릿지를 만든다.
3. 아래모발을 빗질하여 가지런히 한다.
4~6. 빗을 앞쪽으로 모발을 당기면서 릿지를 만든다.
7.8. 모발을 앞쪽으로 밀면서 반원을 만들 준비를 한다.

첫번째 뱅을 시술해 놓은 상태.

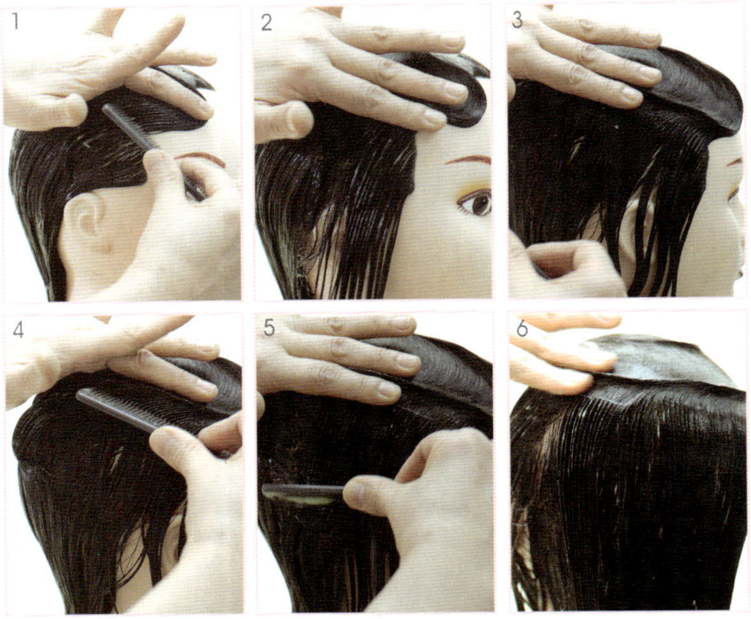

1.2. 첫번째 뱅을 완성한다(반원을 만든다).
3~6. 릿지를 만들고 빗을 45° 로 하여 엇가르기를 하고 빗질하여 웨이브를 만든다.

2개의 뱅을 만드는 과정

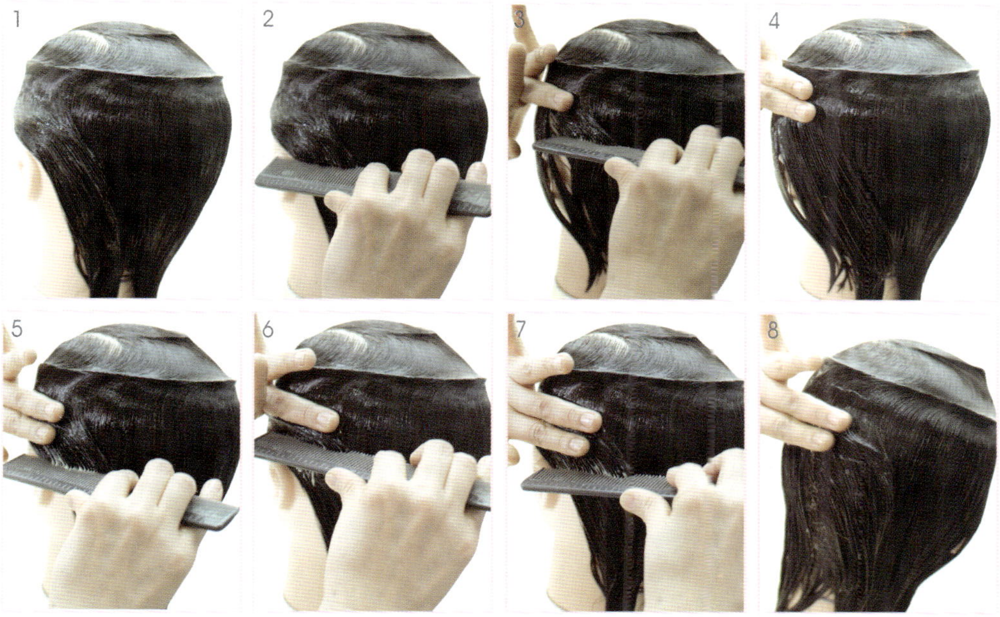

1~8. 손가락으로 폭을 잡고 엇가르기로 빗질하여 릿지를 만든다.

릿지 4단이 완성된 상태

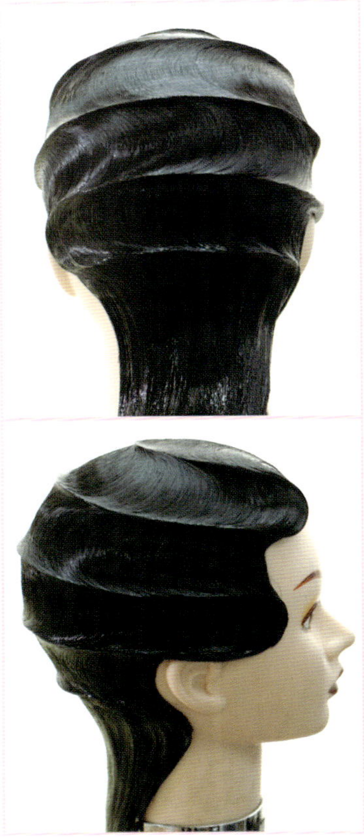

1. 모발이 있는 귀뒤 부분부터 기초작업을 한다.
2. 뱅을 만드는 과정에 모발이 끌려오지 않게 반원을 만들면서 2차뱅을 만들고 릿지단을 만든다.

3~4. 1번의 기초작업과 연결한다.

5. 계속해서 연결하면서 릿지와 웨이브를 시술한다.

핀컬 시작

릿지가 끝난 반대편 열린곳에서 시작

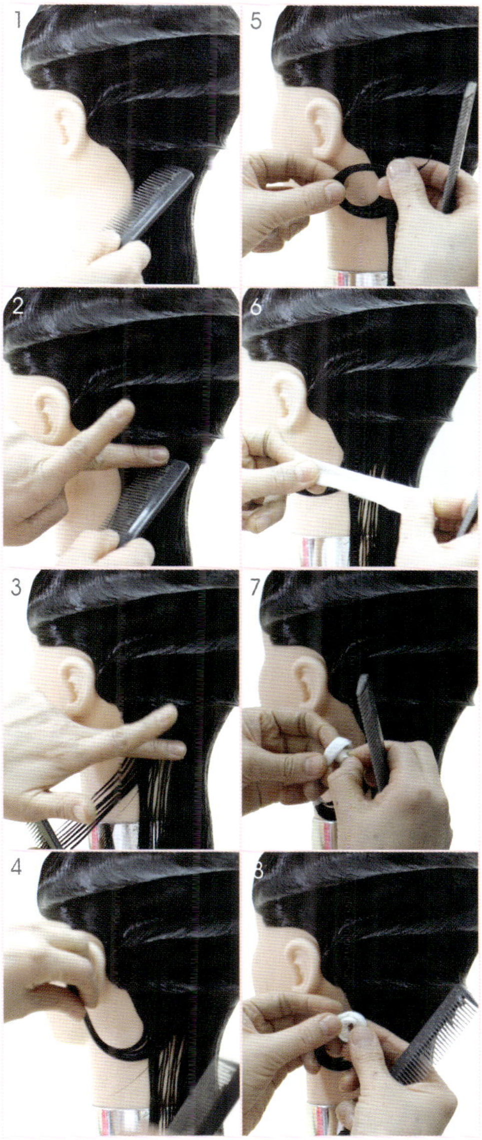

1~4. 중지로 모발을 누르고 빗으로 모발을 뜬다. 이 때 속의 원은 적고 밖의 원은 크게 잡는다.

5~8. C컬르 모발을 돌리고 모발P을 탈지면으로 감싸 검지로 원을 만든다.

핀컬 윗단(7개), 아래단(5개)

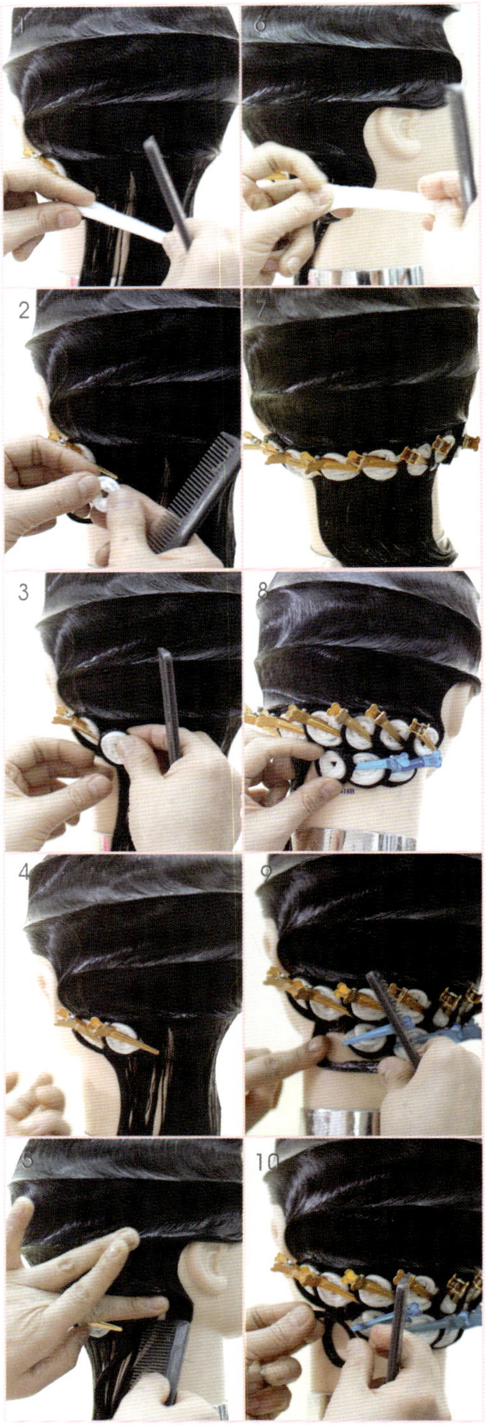

1~2. 다음 판넬을 떠서 첫 번째와 동일한 방법으로 시술한다.

3~5. 윗단의 7개를 동일한 방법으로 2/3위에 얹히면서 시술한다.

6~10. 아랫단은 반대방향으로 5개를 시술한다.

2. 미용사 실기과제 (횡거웨이브 오른쪽)

자격증목	미용사	작품명	횡거웨이브	시험시간	35분

(1) 요구사항

- 세트로션 농도 및 양조절을 하여 준비한다.
- 모발처리 및 빗질하여 거품제거를 한다.
- 웨이브폭은 약 4.5 cm로 하여 웨이브릿지는 4단을 선명하게 만든다.
- 웨이브폭이 갈라지지 않게 한다.
- 핀컬은 윗단 7개, 아랫단 5개로 마는 방향과 횡거웨이브와 연결이 잘 되어야 한다.
- 오른쪽 가르마로 시작한다.

(2) 배점

준비과정	웨이브기법	핀컬의 방향 및 배열	핀컬의 숙련도	웨이크와 핀컬의 조화미	계
5점	5점	5점	5점	5점	25점 (합격점 15점 이상)

(3) 시술방법

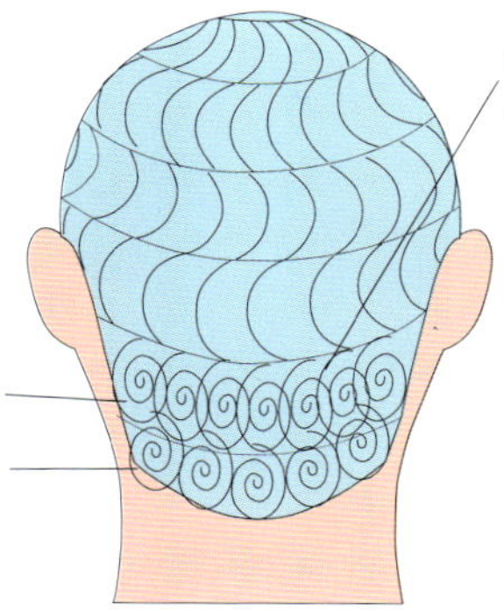

(4) 핑거웨이브(오른쪽) 완성작품

오른쪽가르마로 시작하고 웨이브폭은 약 4.5cm로 웨이브의 릿지(4단)가 선명해야 하며 웨이브폭이 갈라지지 않게 하고, 핀컬은 위단은 7개 아랫단은 5개로 웨이브와 핀컬의 조화가 정확하여 완성된 작품.

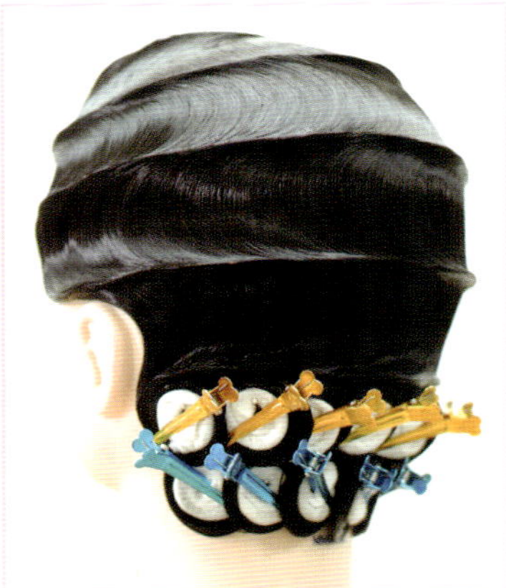

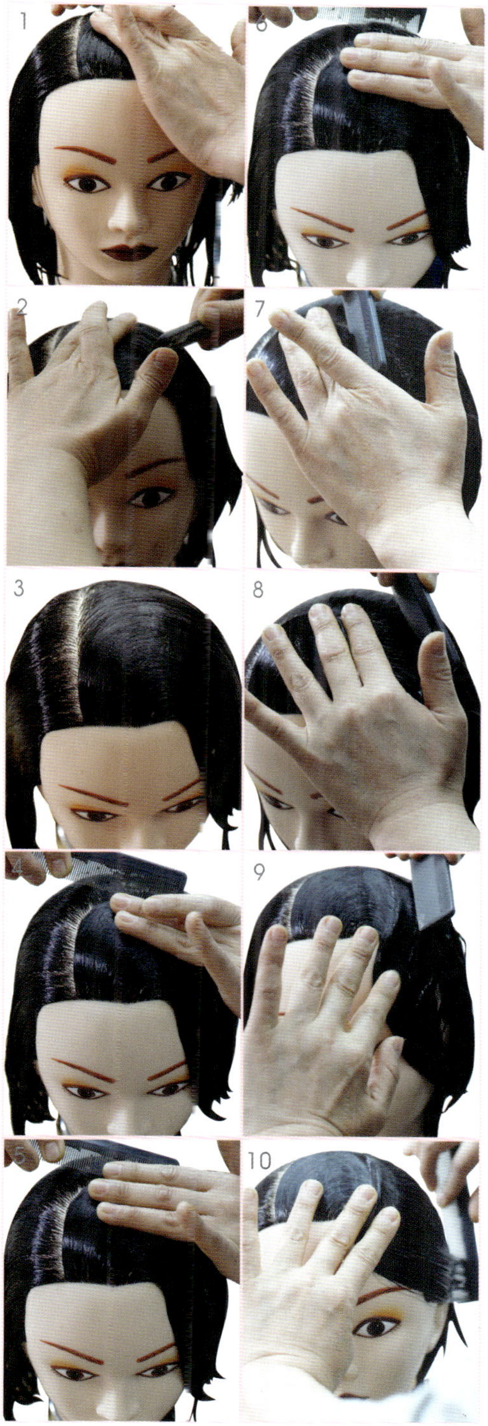

1~5. 큰원부터 적은원을 만들면서 빗질한다.
6~10. 중심부부터 시작하여 릿지를 만들기 시작하여 첫 번째 뱅을 만들 준비를 한다.

1~2. 중지를 누르고 앞의 뱅이 끌려오지 않게 하여 릿지를 만든다.
3~4. 빗질을 연결하면서 릿지와 웨이브를 만든다.

첫번째 뱅을 시술해 놓은 상태

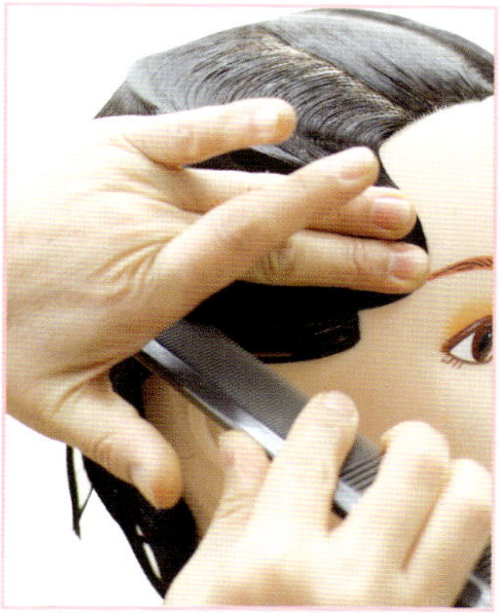

1. 반원을 만든다.
2. 중지를 이용해 모발이 뜨지 않게 한다.
3. 릿지를 만들고 웨이브를 진행한다.

원의 크기를 조절해 놓은 상태이다.

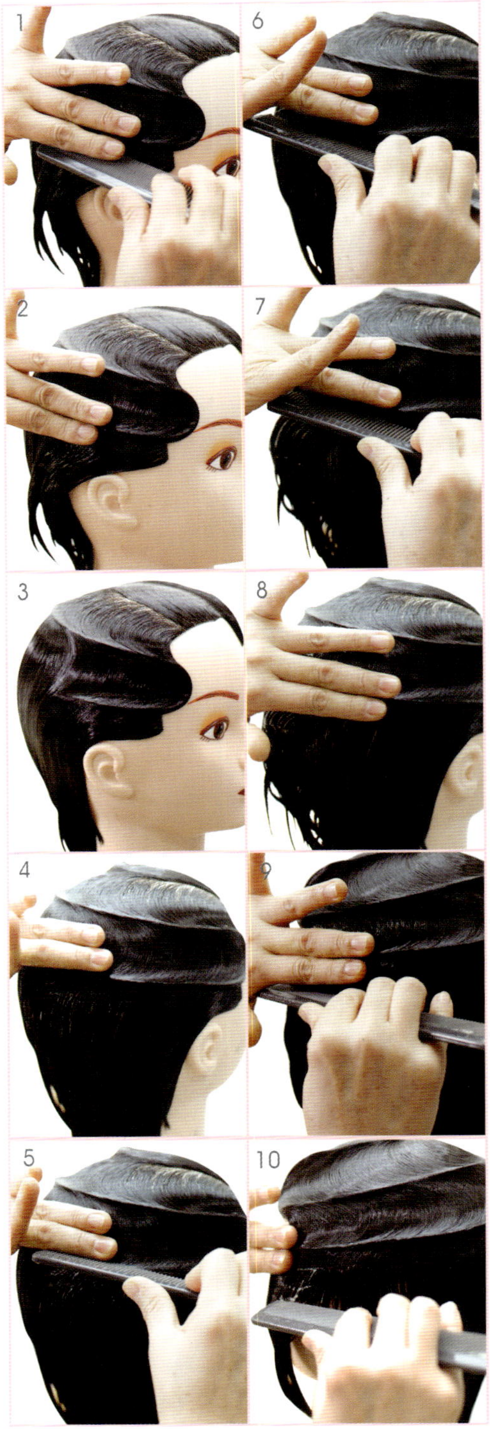

1~10. 빗의 각도를 45°로 하여 엇갈리게 하여 릿지를 만들면서 연속동작으로 웨이브를 연결한다.

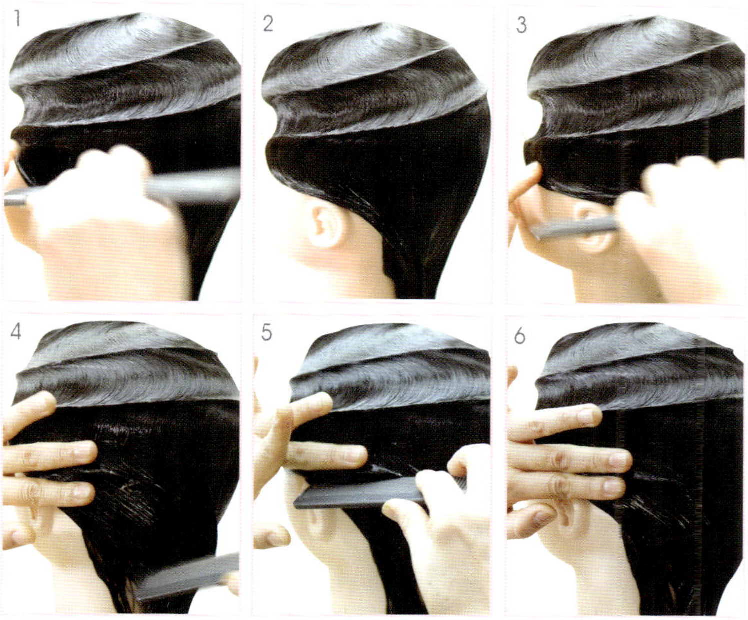

1~3. 뱅의 모발이 끌려오지 않게 뱅을 만든다.
4~6. 뒤에서부터 먼저 릿지를 만들어서 뱅과 연결한다.

웨이브 4단

핀컬 2단 윗단(7개), 아래단(5개)

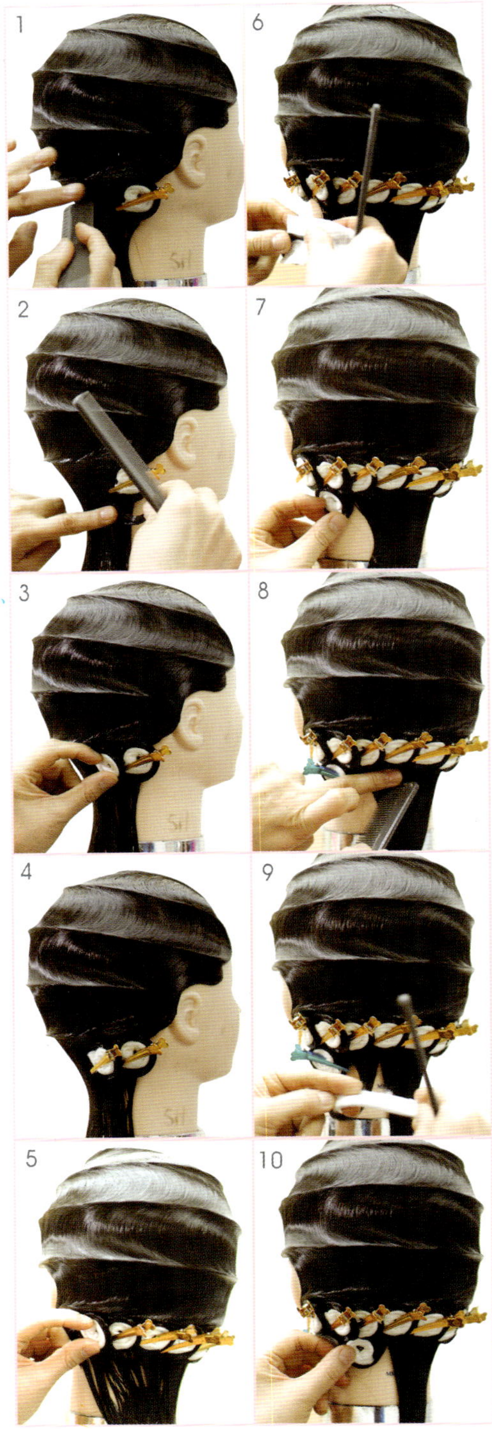

1~2. 릿지가 끝난 반대편 열린곳에서 핀컬을 시작한다.

3~6. 윗단에 7개의 핀컬을 만든다.

7~10. 아랫단에 5개의 핀컬을 만든다.

3. 미용사 실기과제 힝거웨이브(센터)

자격증목	미용사	작품명	힝거웨이브	시험시간	35분

(1) 요구사항

· 세트로션 농도 및 양조절을 하여 준비한다.
· 모발처리 및 빗질하여 거품제거를 한다.
· 웨이브폭은 약 4.5 cm로 하여 웨이브릿지는 4단을 선명하게 만든다.
· 웨이브폭이 갈라지지 않게 한다.
· 핀컬은 윗단 7개, 아랫단 5개로 마는 방향과 힝거웨이브와 연결이 잘 되어야 한다.
· 가르마를 센터로 시작한다.

(2) 배점

준비과정	웨이브기법	핀컬의 방향 및 배열	핀컬의 숙련도	웨이브와 핀컬의 조화미	계
5점	5점	5점	5점	5점	25점 (합격점 15점 이상)

(3) 시술방법

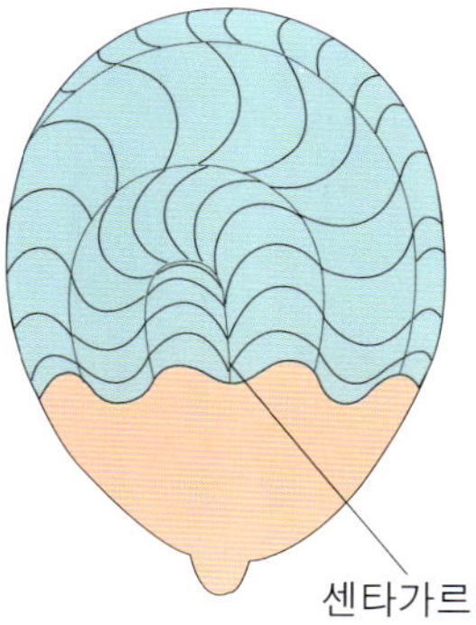

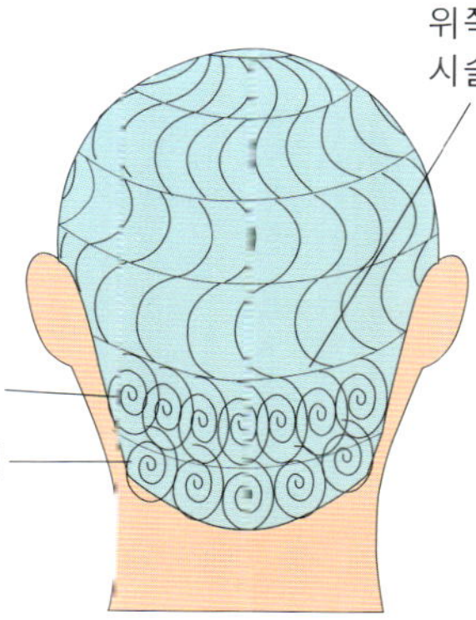

(4) 핑거웨이브(센터) 완성작품

웨이브폭은 약 4.5 cm로 웨이브의 릿지(4단)가 선명해야 하며 웨이브폭이 갈라지지 말아야 한다. 핀컬은 위단은 7개 아랫단은 5개로 웨이브와 핀컬의 조화있게 하여, 가운데 가르마로 시작해서 웨이브를 만들면서 양쪽에 뱅을 두 개를 시술하여 완성된 작품이다.

(3) 시술방법

7~8 cm 가르마로 설정한다.

1. 가운데 가르마를 타서 빗질한다.
2~4. 7~8 cm 끝부분에서 릿지를 만들면서 모발을 앞쪽으로 밀어서 빗질한다.
5~6. 릿지를 잡고 아래 모발을 앞쪽으로 밀면서 빗질한다.
7~8. 검지로 모발을 누르면서 첫 번째 뱅을 만들기 시작한다.

첫번째 시술

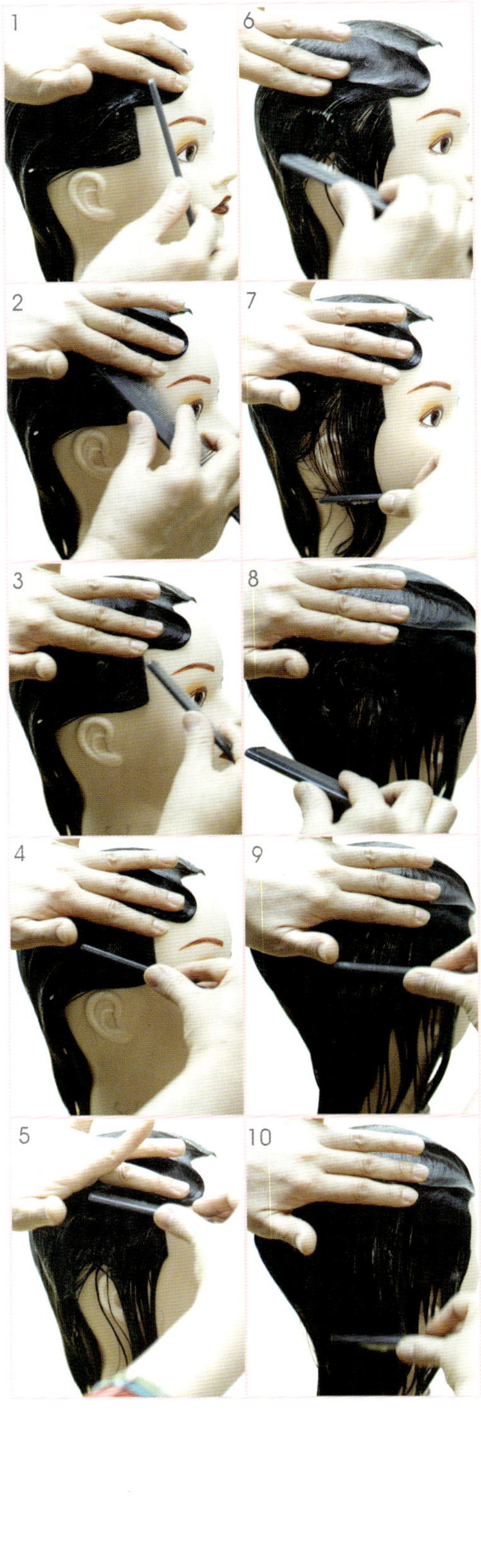

1~3. 첫 번째 뱅은 반원을 만들기 위해 검지랑 중지로 모발을 잡고 원을 빗질한다.

4~5. 뱅을 만들고 난 후 다음 시술을 위해 아래모발을 45°뒤로 밀면서 엇갈리게 하여 빗질한다.

6~10. 연속적으로 모발을 밀고 손가락을 폭을 조절하면서 시술한다.

뱅을 시술해 놓은 상태

1~6. 중심부에는 손가락으로 폭을 좀더 넓히고 양쪽 사이드는 좁혀가면서 두상에서 V라인 곡선을 만들면서 시술한다.

1~5. 뱅을 유지하기 위해 모발의 뿌리가 있는 곳에서 먼저 기초시술을 한다.

6. 앞머리와 연결할 준비를 한다.

7~10. 뒷부분에 릿지를 만든 후 앞머리의 뱅과 연결하여 시술한다.

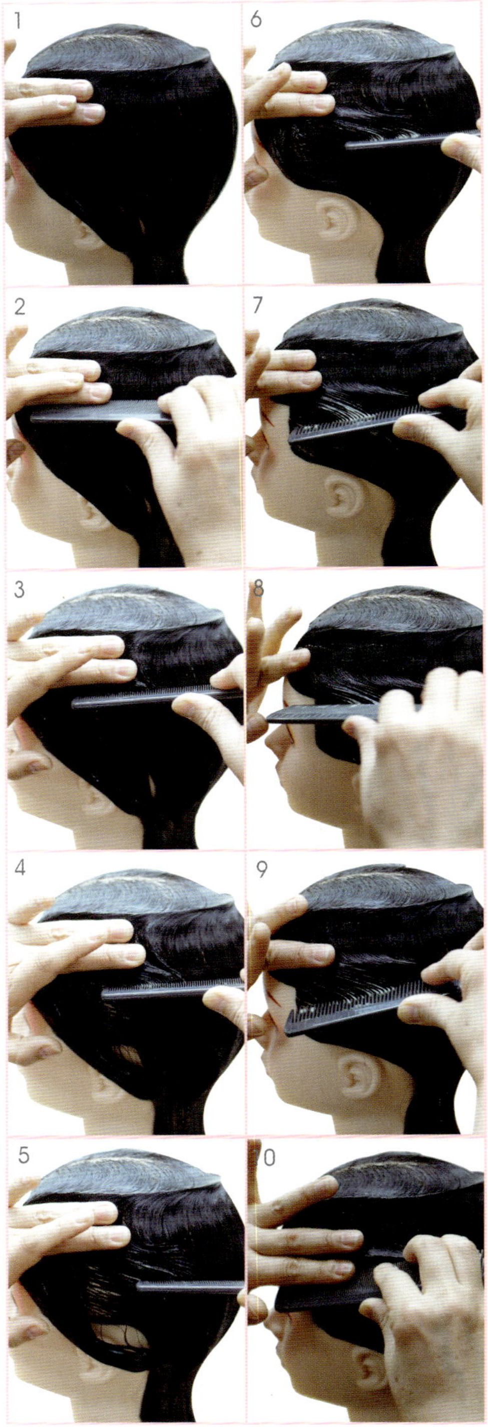

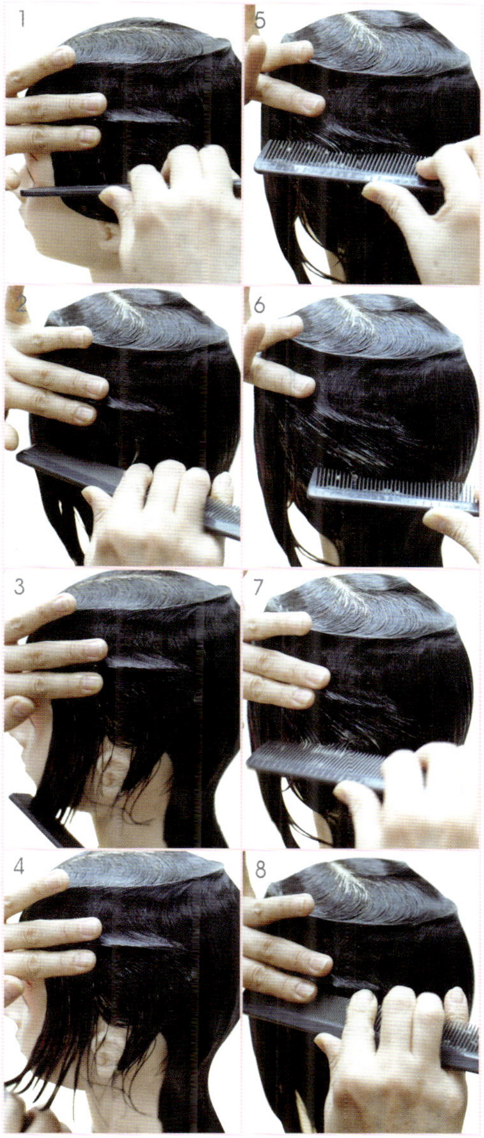

1~4. 선명한 릿지를 위하여 손가락을 엇갈리게 하여 밀면서 릿지를 만든다.

5~8. 손가락을 웨이브폭을 결정하면서 시술한다.

두 개의 뱅이 시술된 상태

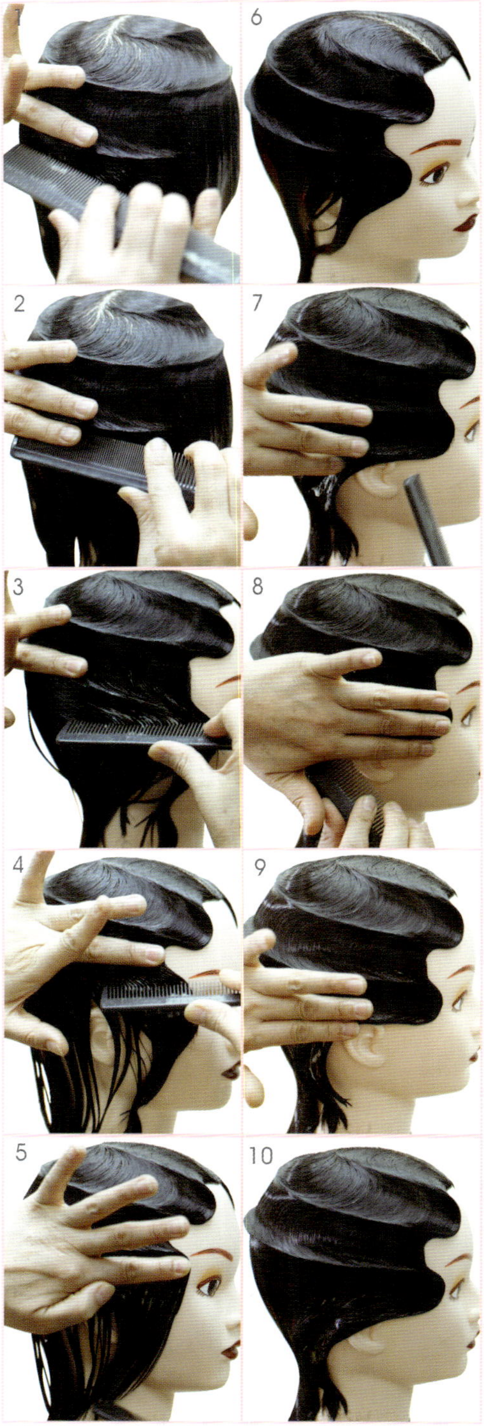

1~2. 여기까지는 웨이브폭이 넓다.
3~7. 웨이브폭을 점점 줄여가고 뱅을 만들준비를 하면서 시술한다.
6~7. 중지와 검지를 이용해서 2개의 뱅을 시술한다(이때 반원을 만드는 느낌으로).
8~10. 모발이 끌려가지 않게 유지하면서 다음 시술을 한다.

횡거웨이브가 끝난 상태이다.

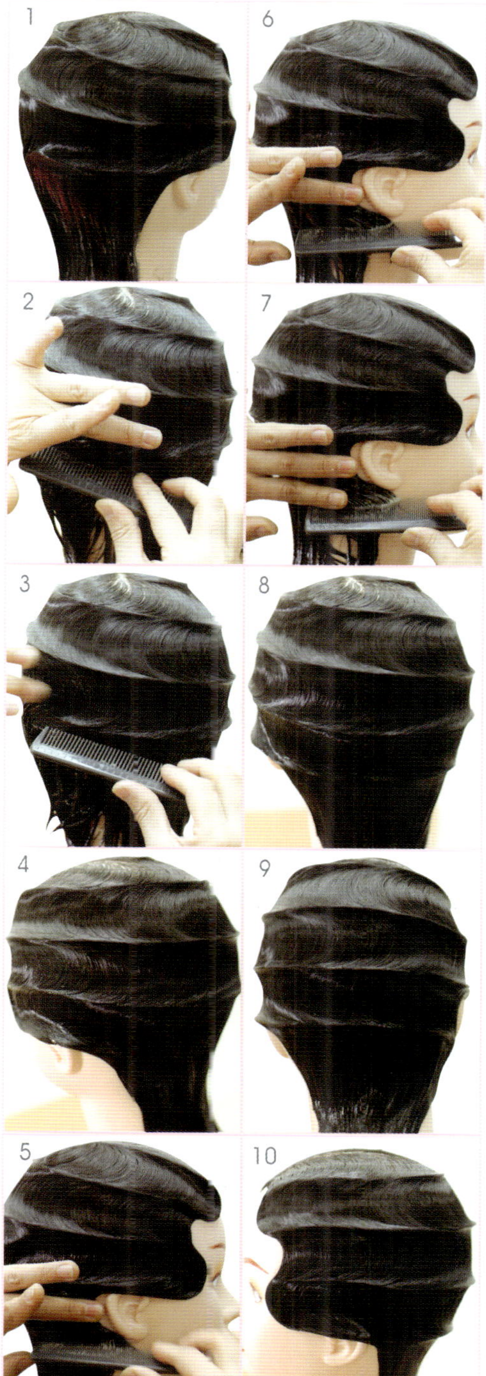

1~5. 귀의 반폭까지 릿지를 만들고 원을 마무리 한다.

6~10. 핀컬의 시술을 위해 C커브의 모발의 빗질을 한다.

핀컬 윗단(7개), 아랫단(5개)를 시술한다.

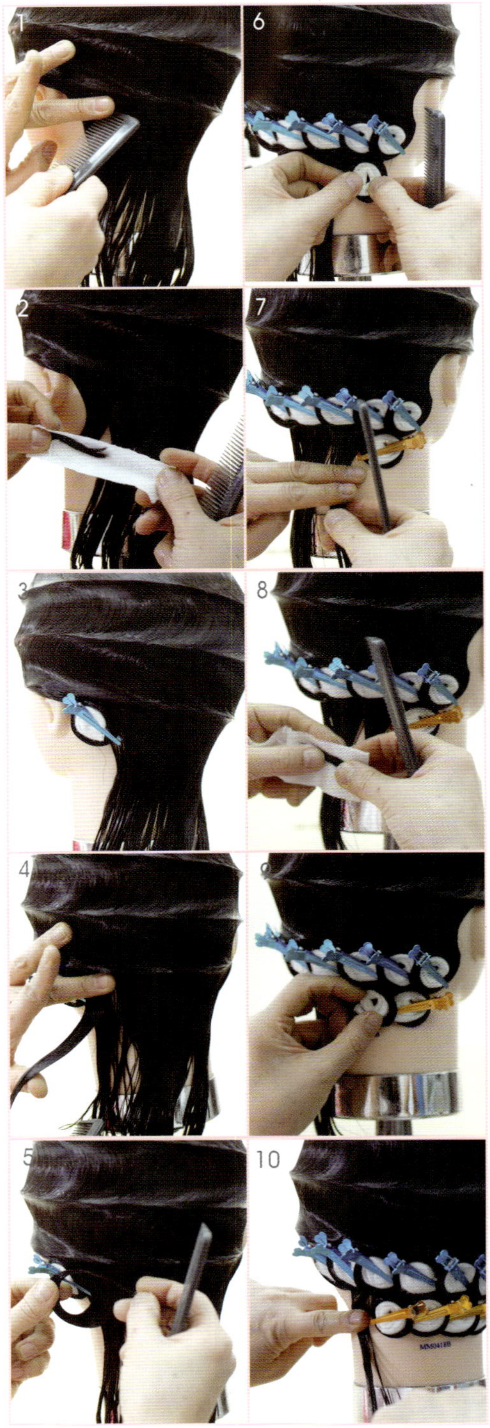

1. 중지로 모발을 누르고 빗으로 모발을 뜬다.
2~5. 속의 원은 적고 밖의 원은 크게 잡으면서 모발을 잡아 핀컬을 시술한다.
6~10. 윗단은 7개의 핀컬을 아랫단은 5개의 핀컬을 시술한다.

4. 미용사 실기과제 횡거웨이브(가르마 없는형)

자격증목	미용사	작품명	횡거웨이브	시험시간	35분

(1) 요구사항

- 세트로션 농도 및 양조절을 하여 준비한다.
- 모발처리 및 빗질하여 거품제거를 한다.
- 웨이브폭은 약 4.5cm로 하여 웨이브릿지는 4단을 선명하게 만든다.
- 웨이브폭이 갈라지지 않게 한다.
- 핀컬은 윗단 7개, 아랫단 5개로 마는 방향과 횡거웨이브와 연결이 잘 되어야 한다.
- 가르마 없이 시작한다.

(2) 배점

준비과정	웨이브기법	핀컬의 방향 및 배열	핀컬의 숙련도	웨이브와 핀컬의 조화미	계
5점	5점	5점	5점	5점	25점 (합격점 15점 이상)

(3) 시술방법

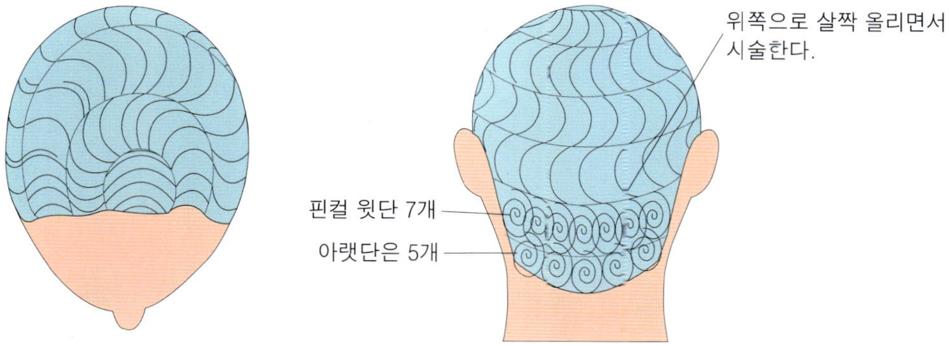

(4) 핑거웨이브(가르마 없는 형) 완성작품

웨이브폭은 약 4.5 cm로 웨이브의 릿지(4단)가 선명해야 하며 웨이브폭이 갈라지지 말아야 한다. 핀컬은 위단은 7개 아랫단은 5개로 웨이브와 핀컬의 조화가 정확하게 가르마없이 시작해서 웨이브를 만들면서 양쪽에 뱅을 두 개 시술한 작품이다.

가르마 없는 앞머리 시술 첫 번째 뱅만들기

1~3. 눈썹산에서 시작해서 릿지를 만들고 모발을 앞쪽으로 밀면서 시술한다.

첫 번째 좌, 우 뱅만들기

첫 번째 좌,우 뱅만들기

1~4. 릿지를 중지에 잡고 앞쪽으로 모발을 밀어준다.

5~6. 중지와 검지로 반원을 만들고 모발이 끌리지 않게 한다.

7~8. 모발이 끌리지 않게 하기 위해 뱅은 그대로 둔채 뒤에서 릿지를 만들기 시작한다.

9. 앞머리 뱅과 뒤에 릿지를 연결한다.

10. 손가락으로 폭을 조절하면서 연속해서 웨이브를 만든다.

뱅을 시술한 상태

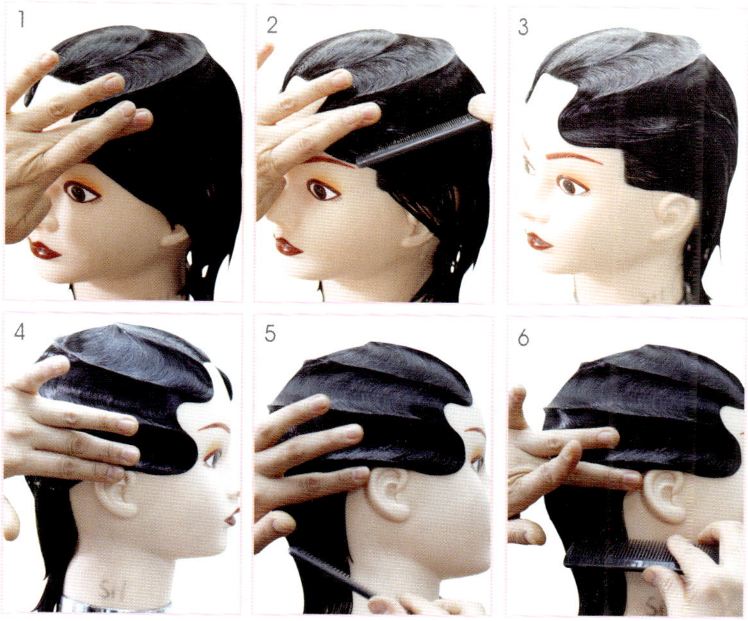

1. 뱅의 모발이 당겨지지 않게 뒤에서부터 릿지를 만들기 시작한다.
2~3. 앞머리 뱅과 뒤의 릿지를 연결한다.
4~5. 뱅의 모발이 끌려가지 않게 중지와 검지를 밀착하여 가면서 릿지를 만든다.
6. 귀뒤의 모발의 들려짐을 방지하기 위하여 중지를 밀착한다.

횡거웨이브가 끝난 상태

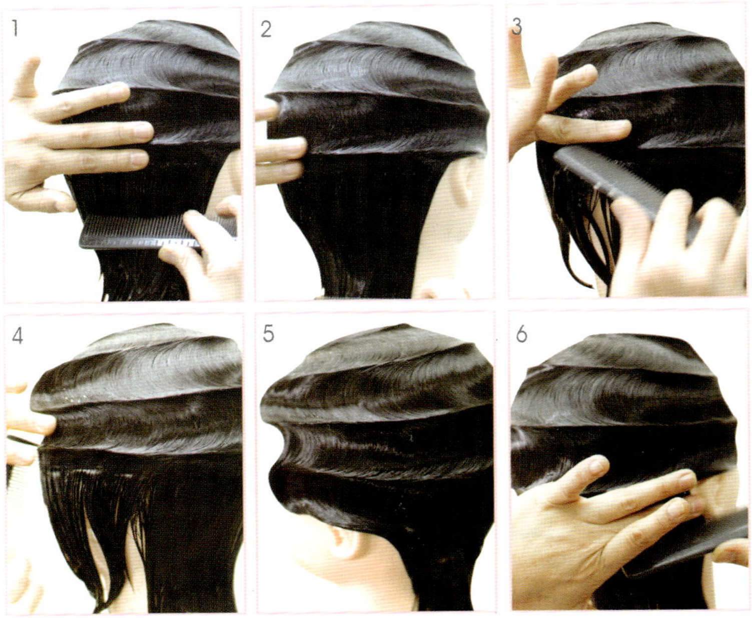

1~3. 중심부로 오면서 웨이브폭을 조금 더 넓혀가면서 시술한다.
4. 앞쪽으로 가면서 릿지폭을 좁혀 가면서 시술하여 뱅을 만든다.
5. 모발의 들려짐을 방지하기 위해 밀착해서 릿지를 만든다.
6. 귀의 반까지 횡거웨이브의 시술을 완료한다.

핀컬 윗단(7개), 아랫단(5개)을 시술한다.

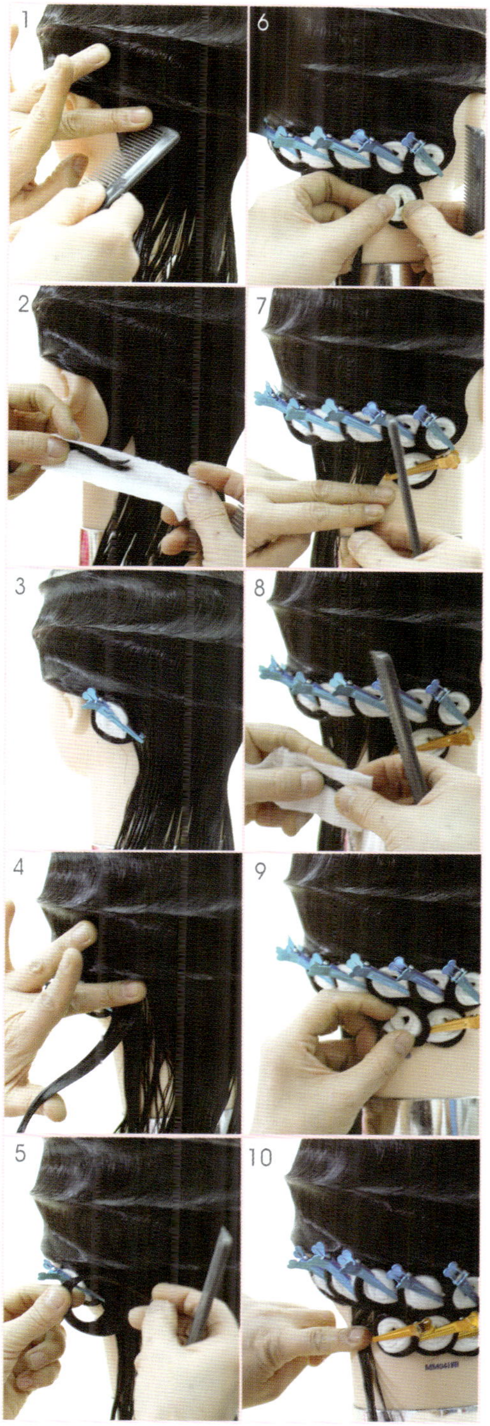

1. 중지로 모발을 누르고 빗으로 모발을 뜬다.
2~5. 속의 원은 적고 밖의 원은 크게 잡으면서 모발을 잡아 핀컬을 시술한다.
6~10. 윗단은 7개의 핀컬을 아랫단은 5개의 핀컬을 시술한다.

6

신부화장

1. 미용사자격 신부화장 실기과제 배점표

신부화장 채점기준 및 배점

평가기준	요구사항	배점	비교 (점수를 적게 주거나 많이 줄 때 이유)
(1) 화장품의 사용방법 및 순서	• 복장과 정리정돈 • 시험과제물 준비사항 • 화장품사용순서 및 숙련도 • 화장품사용순서 및 사용방법	5점	
(2) 눈화장	• 아이섀도우, 아이라인 등 화장기법 • 눈썹화장의 숙련도 • 신부화장과 맞는 눈화장의 색상도	5점	
(3) 볼화장	• 볼의 전체적인 색감, 위치 및 시술기법 • 얼굴형에 알맞은 볼화장	5점	
(4) 입술화장	• 입술화장의 폭, 길이, 외곽선, 얼굴과의 조화로운 색깔선택기법 • 피부색에 맞는 신부화장색깔 선택	5점	
(5) 수정화장 및 전체적인 조화	• 모델의 수정화장 • 얼굴형에 맞는 전체적인 조화미	5점	

(1) 화장품의 사용방법 및 순서

* 배점적용 (5점)

· 화장품의 사용순서나 사용방법(양 및 바르기 기법 등)이 미숙하다고 판단될 때: 1점

· 화장품의 사용순서는 적정하나 숙련정도가 미숙하면: 2점

· 화장품의 사용순서는 적정하나 숙련정도가 부분적으로 미숙하나 전체적인 화장시술에 차질이 없는 수준일 때: 3점

· 화장품의 사용순서가 적정하며 무리없이 자연스럽게 작업을 할 경우: 4점

· 화장품의 사용방법 및 순서가 모두 숙련되었다고 판단될 경우: 5점

(2) 눈화장

＊ 배점적용 (5점)

· 기본적인 기법과 색상 등이 신부호장으로서 적절한 표현이 부족하다고 판단될 때: 0점
· 기본적인 기법과 색상 등이 미숙하다고 판단될 때: 1점
· 기본적인 기법과 색상 등은 적정하고 숙련정도가 미숙할 때: 2점
· 기본적인 기법과 색상 등은 적정하나 숙련정도가 부분적으로 미숙하고 신부눈화장으로 손색없는 수준일 때: 3점
· 기본적인 기법과 색상 등은 적정하며 수정하여야 할 부분이 자연미가 있게 수정화장된 수준일 때: 4점
· 기본적인 기법, 색상 및 수정화장이 모두 숙련된 수준일 때: 5점

(3) 볼화장

＊ 배점적용 (5점)

· 밤화장 등으로 구사되어 신부로서의 적절한 화장이 아니든지, 넓은 모델의 얼굴이 더 넓어 보이도록 하든지, 목의 피부색과 조화를 잃든지, 신부로서의 어색한 분위기를 자아내는 화장술 때, 앞내용 중 어느 하나라도 해당되면: 1점
· 볼의 전체적인 색감, 위치 및 얼굴혀에 따른 화장법이 부분적으로 미숙한 점이 있어 신부화장으로 보통수준에 미달된다고 판단될 때: 2점
· 볼의 전체적인 색감, 조화 및 얼굴형에 따른 신부화장으로 손색이 없는 수준일 때: 3점
· 얼굴형에 알맞은 볼부분 화장을 자연미가 있게 시술한 수준일 때: 4점
· 전체적인 색감, 조화, 얼굴형에 따른 화장이 모두 숙련된 수준일 때: 5점

(4) 입술화장

＊ 배점적용 (5점)

· 폭이나 길이, 외곽선 및 색감 등에서 신부로서 어색한 분위기가 감돌 때: 1점
· 피부색에 어울리는 루우즈의 색을 사용하나 입술모양에 따른 화장의 숙련도가 미숙할 때: 2점
· 입술모양에 따른 화장과 피부색에 어울리는 루우즈색을 시술하며 그 숙련도가 부분적으로 미숙하나 신부입술화장으로 손색이 없는 수준일 때: 3점
· 입술모양에 따른 알맞은 화장과 피부색에 어울리는 루우즈색을 선택하여 무리없이 자연스럽게 시술할 때: 4점

· 입술모양에 따른 알맞은 화장과 피부색에 맞은 루우즈색을 잘 선택하여 얼굴 전체와의 조화를 잘 이루는 입술화장에 모두 숙련된 수준일 때: 5점

(5) 수정화장 및 전체적인 조화

＊ 배점적용 (5점)

· 각부분 화장이 조화가 이루어져 있지 않거나, 개성미가 잘 발휘되지 않건, 모델의 부족한 점(코가 너무 낮다, 눈이 너무 적다, 볼이 너무 넓다 등)이 잘 수정 정리되지 않았거나, 모델의 얼굴형의 기본외곽형에 맞지 않는 기법 등으로 부족한 경우: 1점
· 신부로서 주례앞에 당장 설 수 있는 수준에 미달될 때: 2점
· 신부화장으로서 손색없는 수준일 때: 3점
· 신부화장으로 모델의 개성미와 신부화장의 특성이 잘 표현된 상태: 4점
· 신부화장으로 신부다운 아름다움이 충분히 발휘된 상태: 5점

2. 미용사자격 실기과제(신부화장)

자격종목	미용사	작품명	화장술(신부화장)	시험시간	35분

(1) 요구사항

① 준비된 모델에 시술한다(모델은 시험당일 결정됨).
② 눈썹을 정리한다.
③ 기초화장품 사용방법 및 순서를 지킨다.
④ 얼굴형에 따라 베이스화장 바르기 하고 눈썹화장을 한다.
⑤ 신부화장으로 색상표현과 수정화장을 한다.
⑥ 입술화장을 신부화장으로 색상표현과 수정화장을 한다.
⑦ 얼굴형에 맞춘 신부화장 볼화장 색상표현과 수정화장을 한다.
⑧ 얼굴형에 맞춘 전체적인 조화미를 갖춘 수정화장과 마무리를 한다.

(2) 배점

화장품의 사용방법 및 순서	눈화장	볼화장	입술화장	수정화장 및 전체적인 조화	계
5점	5점	5점	5점	5점	25점 (합격점 15점 이상)

(3) 신부화장 시술순서

① 어깨보를 씌운다.
② 터번을 머리에 씌운다.
③ 눈썹을 수정하고 브러쉬로 눈썹을 털어 마무리 한다.
④ 스킨 로션을 안쪽에서 밖으로 바른다.
⑤ Make up 베이스를 바른다.
⑥ 파운데이션을 안쪽에서 밖으로 바른다.
⑦ 분 바르기를 안쪽에서 밖으로 바른다.
⑧ 눈썹정리와 눈썹그리기를 한다.
⑨ 아이섀도우를 붓으로 그린다.
⑩ 눈썹붙히기와 아이라인을 그린다.
⑪ 입술그리기를 한다.
⑫ 볼터치를 한다.
⑬ 잘못된 곳을 수정화장한다.

(4) 신부화장 완성작품

바로 예식장으로 나갈 수 있는 신부로써 화사한 화장으로 완성된 작품

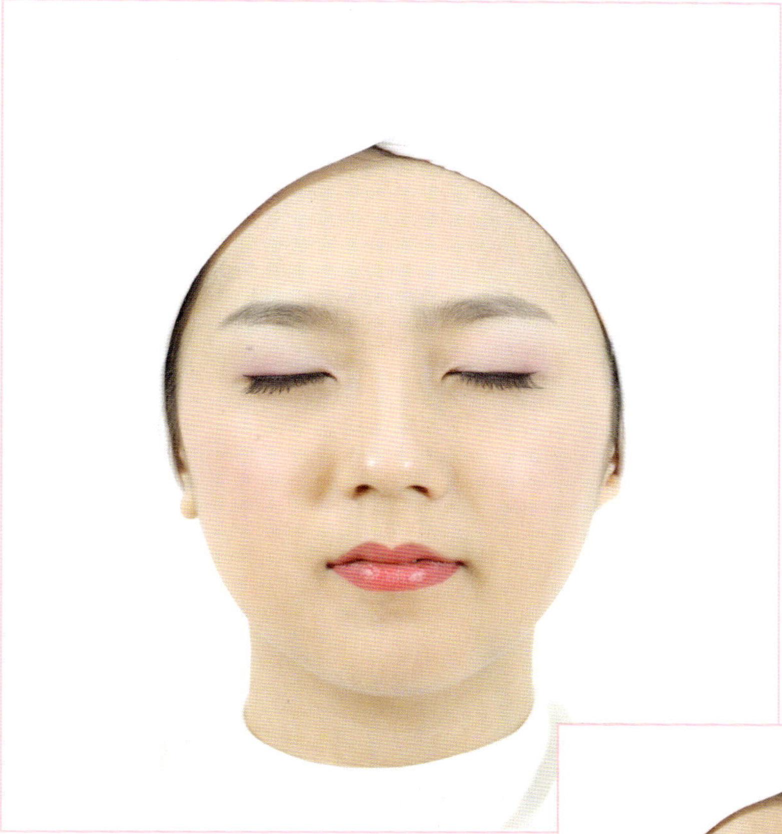

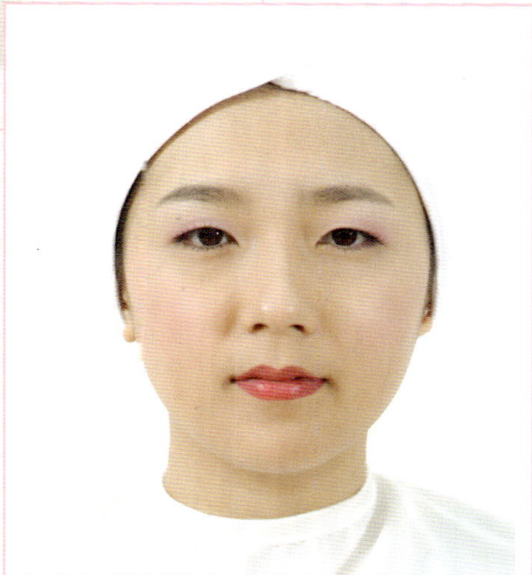

(5) 시술순서

① 기본 베이스 바르기

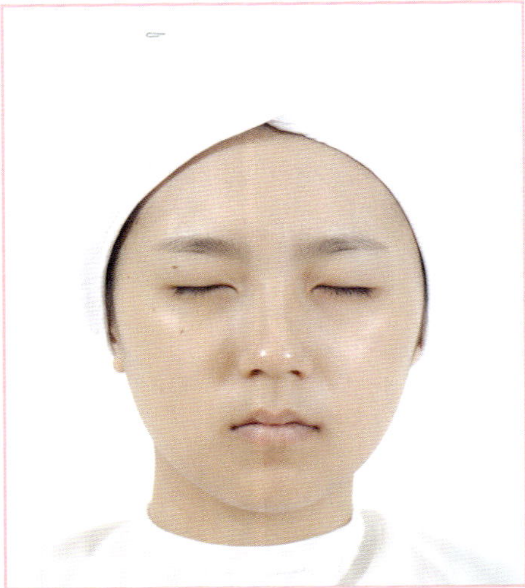

신부화장을 하기위한 시술도구

어깨보를 씌우고 터번을 머리에 씌운후 눈썹을 수정하고 눈썹을 털어 브러쉬로 마무리한 상태이다.

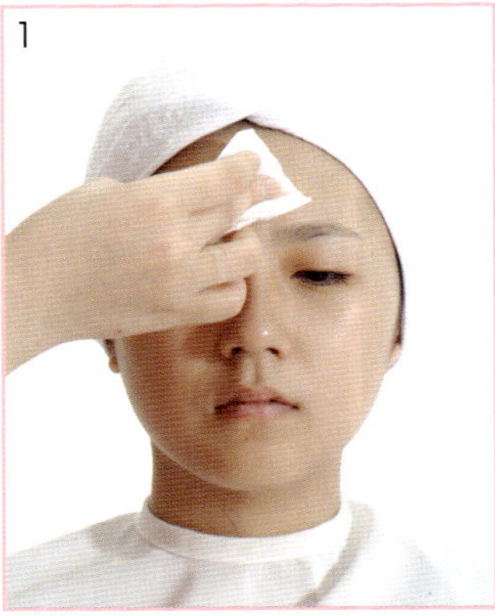

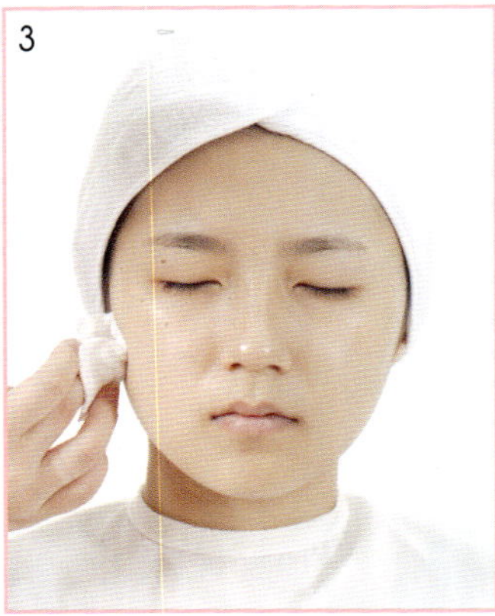

1. 퍼프를 중지에 끼운 후 스킨토너를 이마안쪽에서 바깥쪽으로 가볍게 바르듯이 닦아낸다.
2. 로션을 바른 후 아스트린젠트를 코안쪽에서 밖으로 닦아낸다.
3. 영양크림을 안쪽에서 바깥쪽으로 바른다.

② 파운데이션 바르기

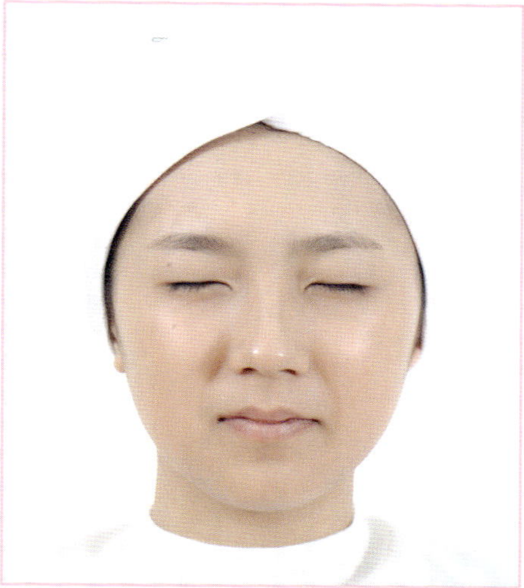

얼굴의 각진부분에는 어두운색으로 수정화장을 T존 부위는 밝은색으로 파운데이션을 바른 상태이다.

1~2. T존 부위에는 밝은 색 파운데이션을 손으로 바른다.
3. 각진부분은 어두운색 파운데이션을 바른다.
4. 턱선의 각진 부분에는 어두운색 파운데이션을 손으로 바른 후 어두운곳부터 스폰지로 누르면서 바른다.
5. T존 부위도 2번과 같은 방법으로 시술한다.
6~7. 눈밑에서도 안쪽에서 바깥쪽으로 전체를 골고루 바른다.
8. 안쪽에서 바깥쪽으로 바른다.

③ 파우더(분) 바르기

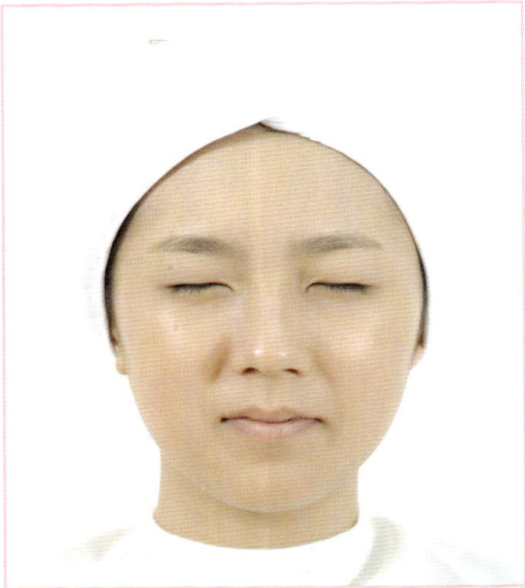

피부색과 맞추어 가면서 각진부분은 어두운 색깔로 T존 부위는 밝은색으로 하여 자연스럽게 그라데이션을 만들어 시술해 놓은 상태이다.

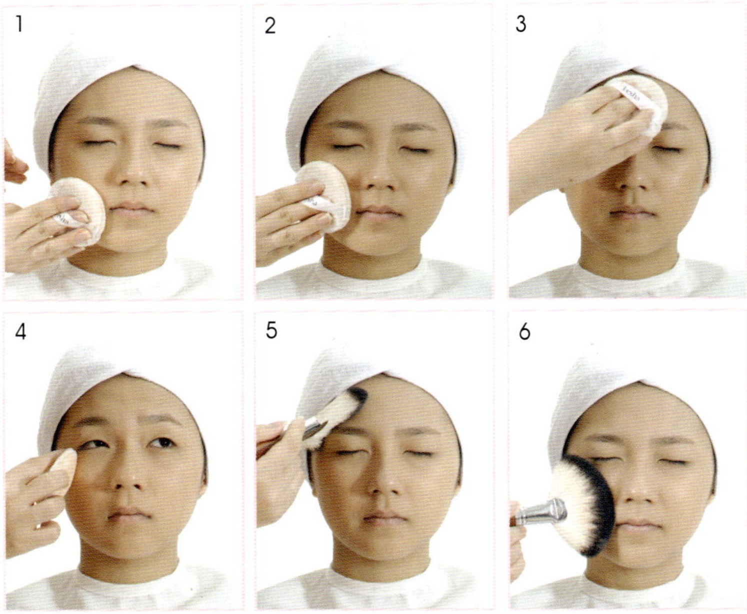

1~2. 파우더(분)를 분첩에서 뭉치지 않게 한 후 안쪽에서 바깥으로 가볍게 누르면서 발라준다.
3. 분을 이마에 잘밀착하도록 가볍게 누르면서 바른다.
4. 꼼꼼히 바른다.
5. 브러쉬로 파우더를 털어 정리한다.
6. 브러쉬를 안쪽에서 바깥쪽으로 파우더를 털어 정리한다.

④ 눈썹정리와 눈썹그리기

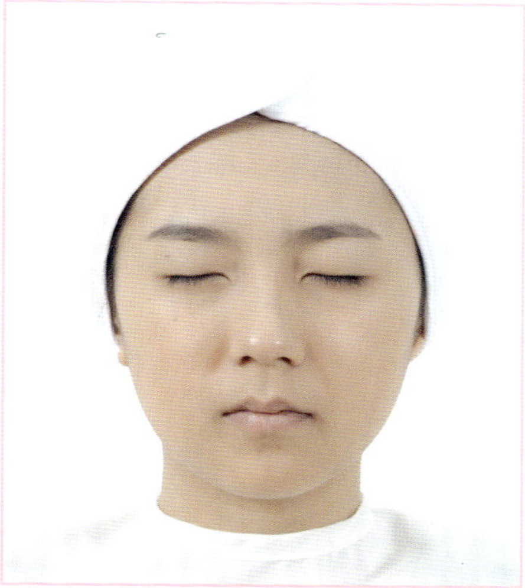

파우더(분)까지 시술된 상태이다.

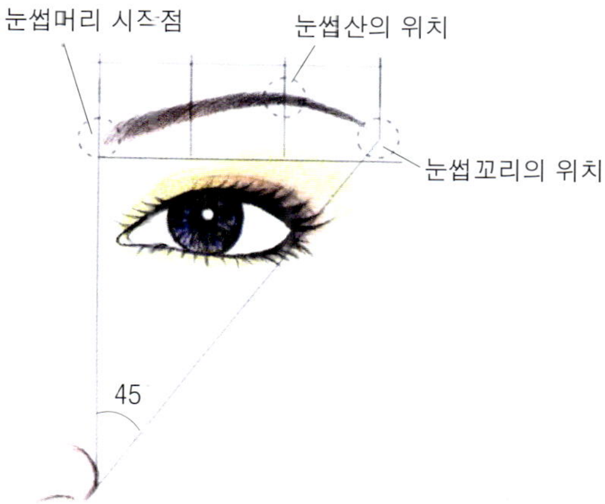

<기본형 눈썹그리기>

1. 눈썹에 화장품을 정리한다.
2. 에버니 펜슬로 눈썹결을 따라 자연스럽게 그린다.
3. 눈썹산을 그리고 눈썹끝을 가늘게 마무리한다.
4. 펜슬을 그린 후 눈썹결을 다시한번 자연스럽게 한다.
5. 눈썹결을 따라 반대편도 자연스럽게 그린다.
6. 펜슬 그린곳을 다시한번 자연스럽게 한다.

⑤ 아이섀도우 바르기

아이섀도우 색이 떨어져서 지저분함을 방지하기 위해 분을 발라놓은 상태이다.

1. 아이섀도우를 손등에서 색깔만들기를 한다.
2. 연핑크를 발라준다.
3~4. 아이섀도우 색깔이 떨어진 것을 지우기 위해 아래에 분을 바른다.
5. 핑크를 좀더 그라데이션 처리한다.
6. 반대쪽도 동일한 방법으로 시술한다.

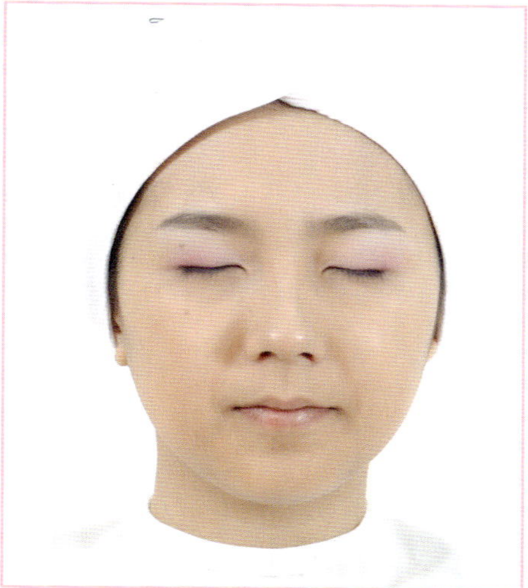

아이섀도우까지 마무리 된 상태이다.

1. 눈꼬리 부분에 좀더 진한 핑크를 포인트로 하여 한번더 발라준다.
2. 한쪽을 바른 후 다른쪽도 동일한 방법으로 시술한다.
3. 붓을 사선으로 하여 그라데이션 처리한다.
4. 포인트를 보라색으로 다시 한번 확인한다.
5. 반대쪽도 동일한 방법으로 시술한다.
6. 눈썹 및 부분에 하이라이트를 준다.
7. 눈썹아래 부분에 자연스럽게 하이라이트를 준다.
8. 반대쪽도 동일한 방법으로 시술한다.
9. 눈밑에 있는 파우더를 브러쉬로 털어낸다.
10. 반대쪽도 동일한 방법으로 시술한다.

⑥ 눈썹 붙이기와 아이라인

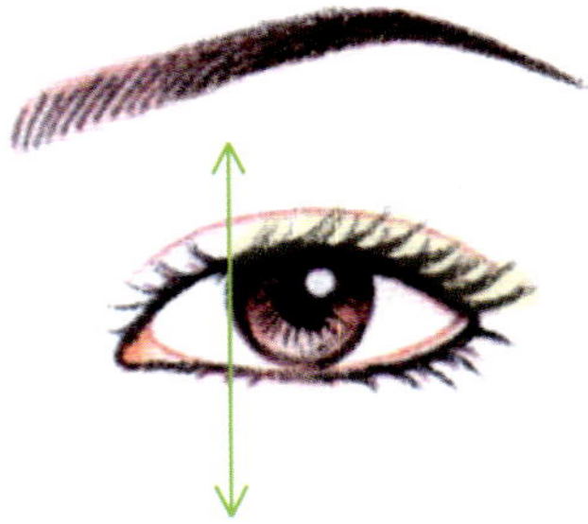

속눈썹은 눈머리 1/3정도를 제외한곳부터 붙이는 것이 자연스럽다.

1. 속눈썹을 눈썹크기를 맞추기 위해 눈에 대본다.
2. 수정가위로 눈썹크기에 맞추 길이를 자른다.
3. 눈머리 1/3정도를 제외한 곳부터 붙이는 것이 자연스럽다.
4. 크기에 맞추어 준비한다.
5. 자른 눈썹을 눈에 맞추어 확인한다.
6. 속눈섭에 눈썹풀을 얇게 골고루 바른다.
7. 속눈썹을 눈에 붙인 후 5초 동안 기다리고 마르려 할 때 속눈썹의 방향에 맞춘다.
8. 붙이고 난 후 눈을 떠보고 확인한다.

속눈썹을 부착한 후 인조모의 광택제거를 위해 마스카라를 도포한다.

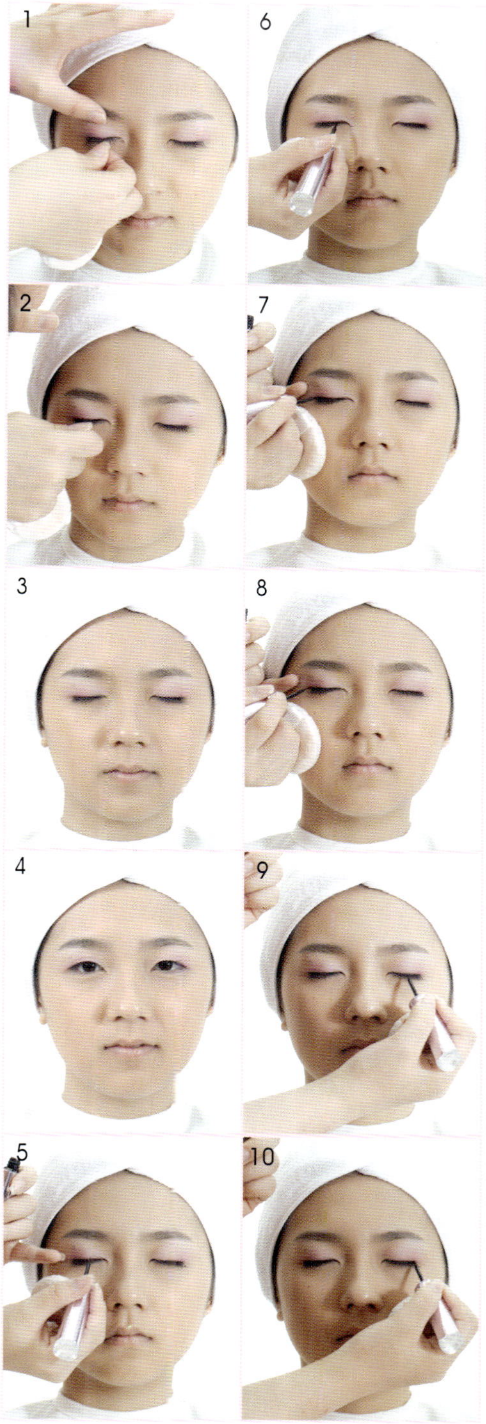

1. 반대쪽도 속눈썹에 풀을 붙인 후 붙인다.
2. 붙인 후 시간을 기다린다.
3. 속눈썹을 붙인 상태이다.
4. 눈을 떠서 확인한다.
5. 눈썹위에 아이라이너를 그리기 위한 자세이다.
6. 밖에서 안족으로 그려온다.
7. 그려지지 않은 곳을 확인한다.
8. 눈썹 끝부분은 위를 향하게 그린다.
9. 반대편도 동일한 방법으로 시술한다.
10. 그려지지 않은 곳을 확인한다.

⑦ 입술화장

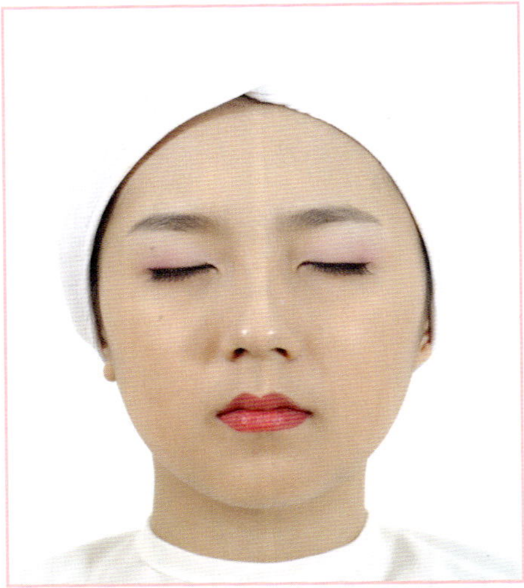

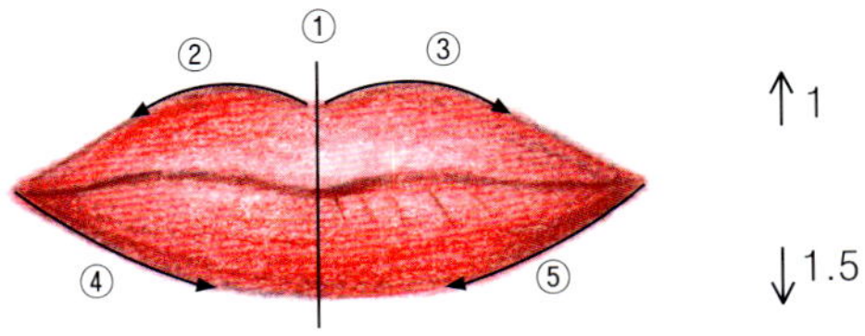

입술의 크기 비율은 아랫입술은 1.5 : 윗입술 1로 입술끝은 검은 눈동자 안쪽에서 수직으로 내려온 곳이다.

1. 입술색깔을 선정하기 위한 피부톤을 확인한다.
2. 아이섀도우에 맞추어 색깔을 선택하고 중심부에서 시작한다.
3. 아랫입술라인부터 라인을 만든다.
4. 중심부를 정한 후 윗입술도 입술라인을 만들면서 시술한다.

⑧ 볼터치

입술화장까지 완성된 상태이다.

1. 볼화장을 하기 위한 색깔을 선정한다.
2. 아이섀도우와 입술에 맞춘 색깔을 선정하여 붓으로 눈썹과 입술 삼각형 지점에서 시작하여 안쪽에서 밖으로 바른다.
3. 다시 박에서 안으로 그 아래부분에도 바른다.
4~6. 반대쪽도 동일한 방법으로 시술한다.

⑨ 수정화장

1. 혹여 필요하지 않은 곳에 묻은 곳은 면봉으로 지운다.
2~4. T존 부위에 하이라이트를 한번 더 시술한다.

참고 문헌

한국산업인력공단	수검안내
미용기초기술	보성사
C-3 베이직커트	청구문화사
C-3 베이직 퍼머넨트웨이브	청구문화사

저자소개

김영미(전남과학대학교)
권상숙(씨쓰리미용학원)
김만태(SBS방송아카데미)
김일순(전남미용고등학교)
문승현(전남과학대학교)
우선화(가톨릭상지대학교)
이부형(창원문성대학교)
이순덕(동덕여자대학교)
이효숙(전주비전대학교)
정숙희(경남정보대학교)
최소영(신성대학교)
고봉강(동일미용고등학교)
권태신(전주기전대학교)
김미선(제주관광대학교)
김정해(백제미용학원)
박영준(수성대학교)
유은성(우송대학교)
이수경(구미대학교)
이정례(남부대학교)
장미라(목포과학대학교)
정 연(경북도립대학교)
최연희(오산대학교)
국지연(전남과학대학교)
김경득(대구공업대학교)
김영미(전남미용고등학교)
김휘태(대구공업대학교)
반세나(인천재능대학교)
유현주(원광보건대학교)
이수희(청암대학교)
이현진(정화예술대학교)
정경숙(삼육보건대학교)
정원지(광주여자대학교)
최영희(경원대학교)
권대순(세경대학교)
김계순(대동대학교)
김옥연(정화예술대학교)
문국현(전남과학대학교)
송희라(대원대학교)
윤수용(마산대학교)
이순녀(서울전문학교)
이혜정(명지전문대학교)
정년구(선린대학교)
진용미(서경대학교)
허병회(예일미용학원)

C.C.C. 헤어미용

2012년 8월 10일 초판인쇄
2012년 8월 20일 초판발행

지은이 국제헤어디자인연구회
펴낸이 이상태
디자인 김기린
펴낸곳 청구문화사
주소 : 서울특별시 서대문구 연희 1등 436-1
전화 : 02) 332-0541(代) FAX : 02) 337-9577
등록 : 1990년 11월 2일 제9-247호

가격 25,000원

ISBN 978-89-5616-505-9 93590